1時間でわかる エクセル

これだけ覚えれば仕事はカンペキ!

桑名由美 著

技術評論社

本書について

エクセルのしくみやコツを覚えて必須機能をマスターしよう

　エクセルは、仕事でよく使われているアプリです。売上表や商品一覧表などが必要なときに、エクセルを使うと効率よく、きれいに作成することができます。また、優れた計算機能があるので正確に数値を表すことができ、さらにグラフも作れるという万能ソフトです。機能がたくさんあるので、「覚えるのが大変そう」と思う人もいるでしょうが、しくみやコツを知っていると、操作に戸惑うことが少なくなります。

　本書は、「なぜその操作をするのか？」「そのしくみはどのようになっているのか？」など、本質をわかりやすく解説しています。また、「どこを意識して操作すればよいか」など、ちょっとしたコツを随所に入れています。そして、重要な個所は、うまくいかない例を出した後に正しいやり方を紹介して、記憶に留めてもらえるように工夫しました。ほんの少しの注意を払うことで、操作の二度手間を防ぎ、作業時間の短縮になるので参考にしてください。

本書の解説は、縦書きの文章です。従来パソコンの解説書というと、パソコンの画面をメインに載せるのが主流ですが、電車やバスの中でそういった本を開くのは、なんとなく恥ずかしいという人もいるでしょう。そこで、右ページに文章を載せ、左ページでポイントを確認できるようにしました。通勤・通学時間やスキマ時間などの短時間で要点を習得できるようにまとめています。エクセルを覚えたい人、学び直したい人、手際よく使いたい人…多くの人に本書がお役に立てば幸いです。

2022年7月　桑名由美

※本書はエクセル2021およびマイクロソフト365を対象としています。

※実際に操作したいところがある場合は、技術評論社のサイトからサンプルをダウンロードしてお使いください。

Contents

Chapter 1 エクセルを使う前の準備

Chapter 2 表作成の基本をおさえよう

Chapter 3

数式や関数を使おう

Contents

Chapter 6 表を印刷しよう

[サンプルデータダウンロード]

本書内で解説しているサンプルは以下の URL からダウンロードできます。
https://gihyo.jp/book/2022/978-4-297-12938-5/support

[免責]

本書に記載された内容は、情報の提供のみを目的としています。したがって、本書を用いた運用は、必ずお客様自身の責任と判断によって行ってください。これらの情報の運用の結果について、技術評論社および著者はいかなる責任も負いません。
本書記載の情報は、2022 年 7 月 15 日現在のものを掲載していますので、ご利用時には、変更されている場合もあります。
また、本書は Windows 11 と Excel 2021 を使って作成されており、ソフトウェアはバージョンアップされる場合があり、本書での説明とは機能内容や画面図などが異なってしまうこともあり得ます。本書ご購入の前に、必ずバージョン番号をご確認ください。OS やソフトウェアのバージョンが異なることを理由とする、本書の返本、交換および返金には応じられませんので、あらかじめご了承ください。
以上の注意事項をご承諾いただいた上で、本書をご利用願います。これらの注意事項に関わる理由にもとづく、返金、返本を含む、あらゆる対処を、技術評論社および著者は行いません。あらかじめ、ご承知おきください。

[商標・登録商標について]

Chapter

1

エクセルを使う前の準備

Section 01

エクセルはタスクバーにピン止めしておこう

●エクセルをすぐに起動できるようにする

まずはエクセルを起動するところから説明しよう。すでにエクセルを使っている人も一読してほしい。

エクセルを起動するには、パソコンの「デスクトップ」画面にある「エクセル」のアイコンをダブルクリックする。あるいは、下部の「スタート」ボタンから「すべてのアプリ」をクリックして「Ｅｘｃｅｌ」をクリック。これらが一般的な起動方法だが、もっと速く起動できる方法があるので紹介しよう。

エクセルが起動している時は下部のタスクバーにエクセルのアイコンが表示される。そのアイコンの上で右クリックし、「タスクバーにピン留めする」をクリックする。ピン留めしたら、エクセルのウィンドウ右上の×をクリックして、一旦エクセルを終了しよう。終了しても、タスクバーにエクセルのアイコンが残っているはずだ。**今後はこのアイコンをクリックするだけですぐに起動できる**。

タスクバーにピン留めする

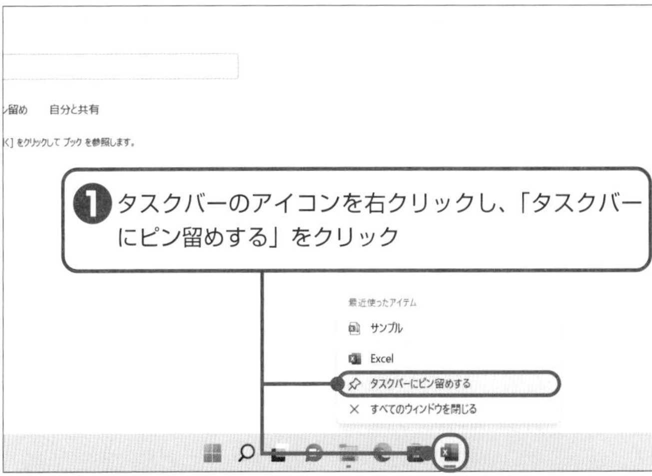
ン留め　自分と共有
く］をクリックして ブック を参照します。
❶タスクバーのアイコンを右クリックし、「タスクバーにピン留めする」をクリック
最近使ったアイテム
サンプル
Excel
タスクバーにピン留めする
すべてのウィンドウを閉じる

❷起動するときは、タスクバーのアイコンをクリックするだけでよい

Section 02

エクセルの画面の見方を知ろう

エクセルで新しいブックを作成する

エクセルを起動すると、ホーム画面が表示される。この画面から既存のファイルを開けるが、今回はいちから作成するので、左上の「空白のブック」をクリックしよう。**すると、マス目のような画面が表示される。**これがエクセルの作業画面だ。

では、画面の上部を見てみよう。最上部は「タイトルバー」といい、今開いているブックの名前がわかるようになっている。ブックについては後ほど説明しよう。

その下には「リボン」という領域があり、操作でよく使うボタンが並んでいる。いろいろなボタンがあるが、グループで分類されているので操作するときに目安にしてほしい。また、「挿入」や「ページレイアウト」などの「タブ」をクリックすると、さらに別のボタンが表示されるしくみになっている。

リボンの下には、「数式バー」というものがあり、ここには、入力した文字や数値が表示され、計算をするときに使うこともある。数式バーの使い方は3章で説明する。

新しいブックを立ち上げる

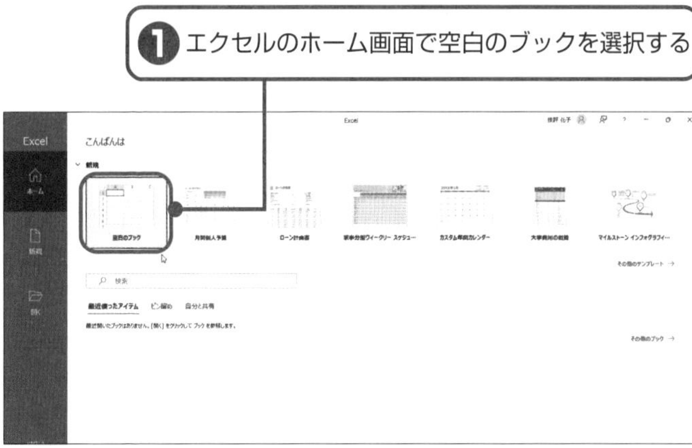

❶ エクセルのホーム画面で空白のブックを選択する

エクセルの画面構成

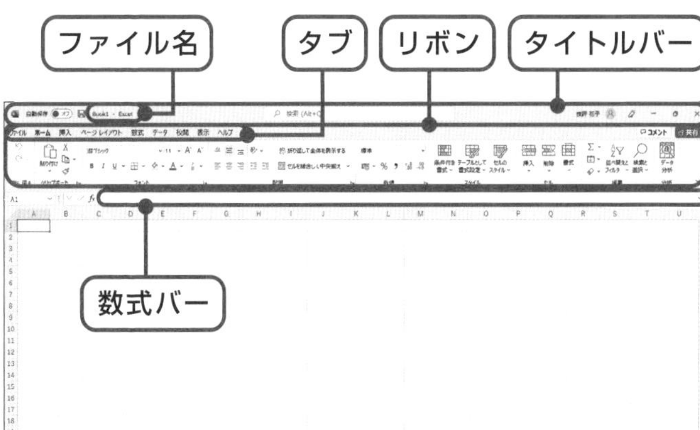

●セル番地の数え方

エクセルの画面で、ひときわ目立っているマス目だが、このマス目1つを「セル」といい、それぞれのセルの中に文字を入力しながら表を作成していく。そしてセルには番地が付いている。どのような番地だろうか？

まず、セルの上部を見てみよう。A、B、C・・・とある。左部には1、2、3・・・とある。これらを使ってセル番地が決まっている。たとえば、A列の1行目のセルは「A1」、B列の3行目は「B3」という番地だ。列と行を間違えやすい人は、横線入りのノートで1行、2行、3行と呼ぶように、横方向のセルの集まりが行と覚えよう。

とはいえ、毎回セルの番地を探すのは大変だ。そこで、**クリックしたセルは左上の「名前ボックス」という場所に番地が表示される**。現在、名前ボックスには「A1」と表示されているが、B5をクリックすると、名前ボックスが「B5」に変わる。

このセル番地に使っているA、B、Cだが、列についているので「列番号」という。一方、左部の1、2、3は、行についているので「行番号」だ。

また、クリックしたセルを見てみると、太線で囲まれている。このセルは、操作を待っているセルで、「アクティブセル」という。

セルには住所のように番地が付いている

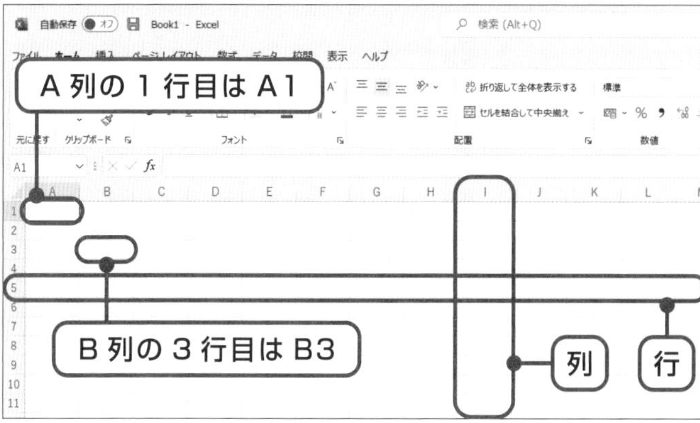

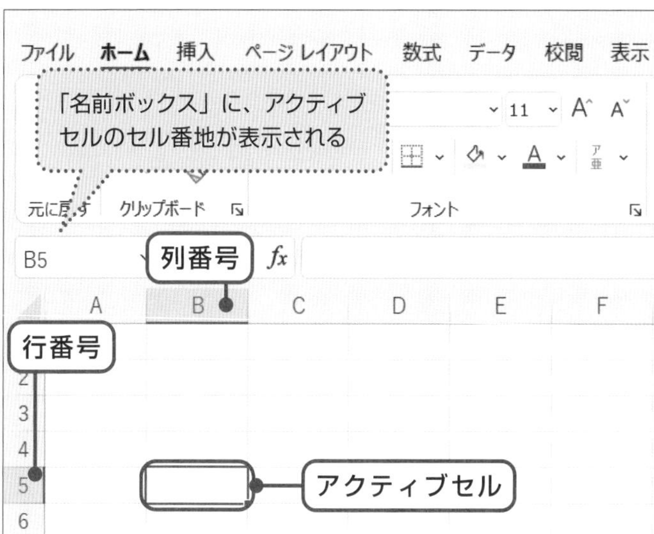

Section 03

セルには書式がある〜セルの書式設定

●セルに入力するデータは「文字列」と「数値」がある

エクセルにデータを入力していると、思い通りに表示されない場合がある。誰もが経験することだが、どのような場合か見てみよう。

左のページでは、「価格」と「１２３」をそれぞれのセルに入力した。よく見ると、「価格」の文字はセルの左に寄って表示され、「１２３」は右に寄って表示されている。なぜだろうか？

エクセルで入力するデータには、「文字列」データと「数値」データがある。ここでは、「価格」は「文字列」データで、「１２３」は「数値」データと、エクセルが認識して、左寄せと右寄せで表示されたのだ。

では、なぜ「数値」データは右寄せなのだろう？　理由は、紙の伝票に右寄せで金額を書くのと同様に、右寄せにすると桁が揃って読みやすいからだ。

文字列の入力と数値の入力の違い

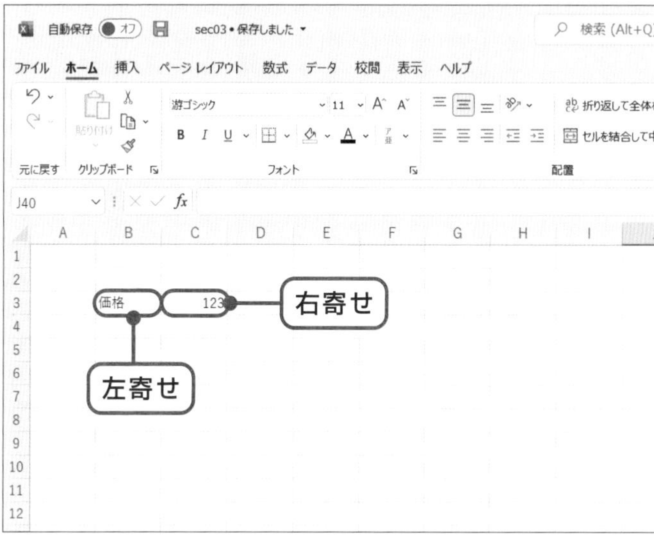

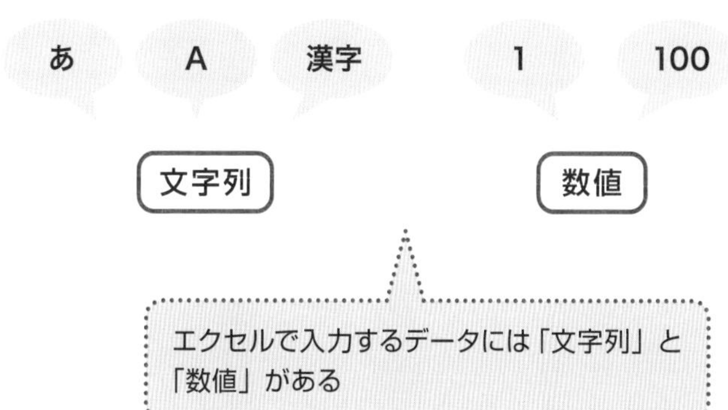

●日付を思い通りに入力できない？

たとえば、「3／22」と日付を入力したいとき、困ったことが起きる。「3／22」と入力して Enter キーを押すと、「/」で表示させたいのに「3月22日」と表示されてしまう。「3-22」と入力しても、同様に「3月22日」になる。どうしてだろう？

実は、セルには「書式」という設定ができる。**「書式」とは、入力したデータに飾りを付け、見た目を変える設定**のことである。ここでの場合、入力したデータが「日付」と認識され、日付の書式が自動で設定されたのだ。

確かに自動的に設定してくれるのはありがたいが、思い通りに表示されないのは困る。安心してほしい。書式はいつでも自由に変えられる。

数値だけではない。ひらがなや漢字などを入力したセルにもさまざまな書式を設定して見た目を変えることが可能だ。書式の設定方法については2章と5章で説明する。

なお、日付も「数値」データに分類され、計算の対象になることを覚えておこう。

「3/22」と入力したいのに入力できない

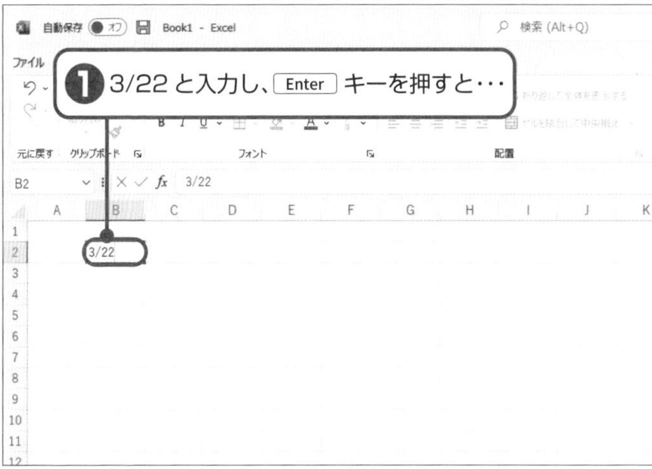

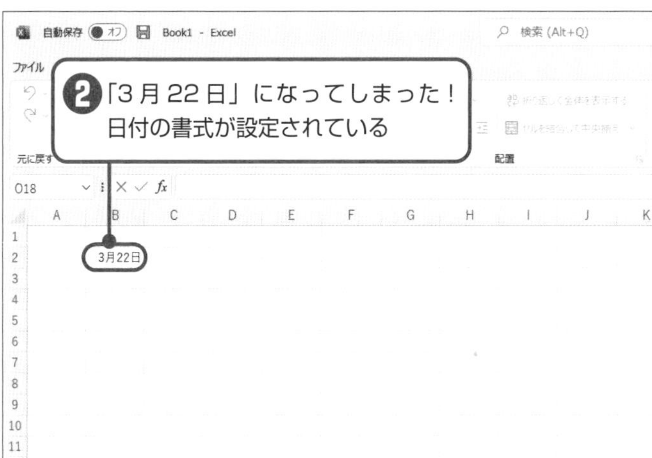

Section 04

表を囲む線の役割～罫線のしくみ

●エクセル上に表示されている線は、印刷すると表示されない

「本書について」で述べたが、エクセルは表作成に使うアプリである。表というと、項目を区切るために、縦横に線が引いてあるのが一般的だ。

たとえば、5段階評価の成績表を思い浮かべてみよう。各項目の評価がわかるように線が入っている。特に縦長の表の場合は、線がないと、どの項目の評価なのか、ひと目ではわかりにくい。

そこで、エクセルの場合も、データを見やすくするために線を引く。エクセルでは、**表に付ける線のことを「罫線」と呼んでいる**。

今、開いている画面にも、セルに沿って薄い線が入っているので、これが罫線だと思う人もいるかもしれない。確かに、この線の中に入力していけば表のようになる。

だが、残念ながらこれは罫線ではない。枠線といって、セルを区切るための線で、印刷しても紙には印字されないのだ。あくまでも画面上で見えるだけの線である。

罫線はどれ？

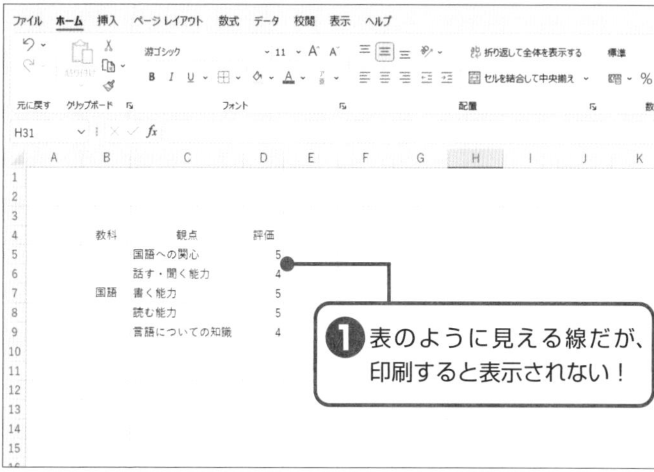
教科
観点
評価
国語
国語への関心
話す・聞く能力
書く能力
読む能力
言語についての知識
❶表のように見える線だが、
印刷すると表示されない！

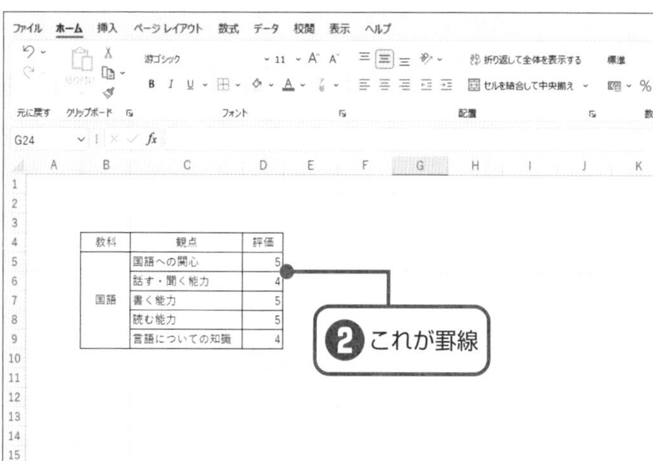
教科
観点
評価
国語
国語への関心
話す・聞く能力
書く能力
読む能力
言語についての知識
❷これが罫線

●罫線の設定方法

では、どのように罫線を設定するのかを、簡単に説明しよう。

エクセルで罫線を引く場合、どの部分に線を引くか、先に範囲を選択する必要がある。表の場合は、表全体をドラッグすることになる。

次に、「ホーム」タブをクリックし、「フォント」のグループにある「罫線」ボタンの横にある「v」をクリックしよう。すると、いろいろな種類の罫線が選択できる。

たとえば、請求書や見積書では、合計金額の下に二重線が引いてある。そのようなとき、「下二重罫線」を選ぶ。

あるいは、備考欄や感想欄など、記入してもらいたい箇所を目立たせるには、「太い外枠」が適している。このように、ケースバイケースで罫線の種類を選んでいく。

もし、どの線にしたらよいか迷ったら、「格子」を選ぼう。「格子」は、「実線」と呼ばれる一般的な線で、丁度よい太さの線を均等に引ける。ほとんどの表はこの線でしっくりするのでおすすめしたい。

2章では、売上実績表を作成しながら、罫線の引き方を解説する。

いろいろな罫線を引ける

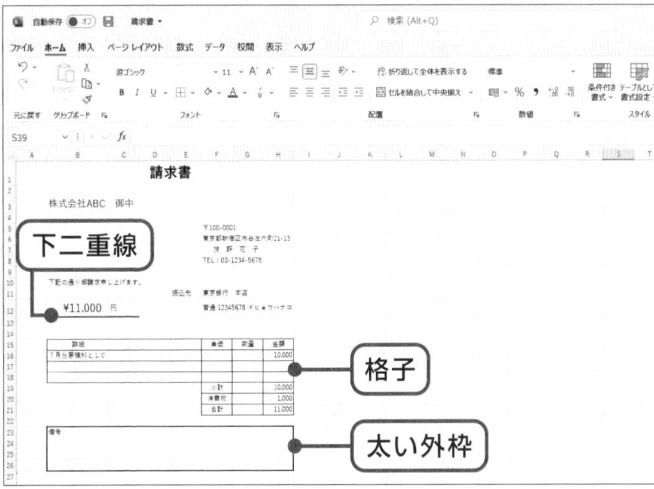
下二重線
格子
太い外枠

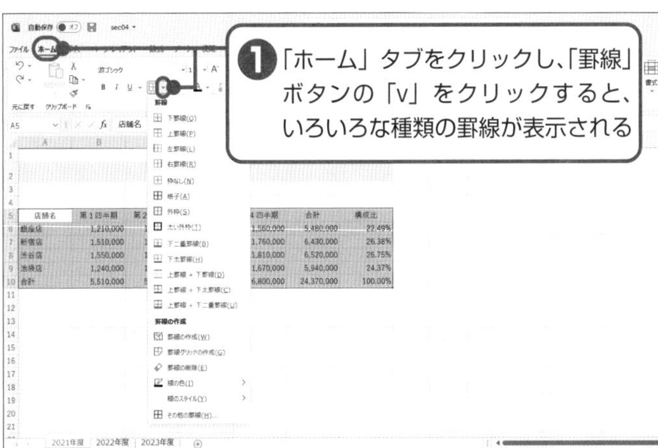
❶「ホーム」タブをクリックし、「罫線」ボタンの「v」をクリックすると、いろいろな種類の罫線が表示される

Section 05

ファイルの保存の習慣を付けよう

●エクセルには「ブック」と「シート」がある

エクセルを起動した直後の画面で、「空白のブック」をクリックしたが、いったいブックとは何だろうか?

ブックは、エクセルで作成するファイルのことだ。Windowsではアプリで作成したものを「ファイル」で管理するので、「ブック」に入力したらファイルとして保存する必要がある。1つのブックが1つのファイルと思ってもらえればよい。

そのブックだが、実は何枚ものシートで成り立っている。本をイメージしてほしい。「ブック」が本で、「シート」がページだ。シートを切り替えながら操作をしていく。

では、現在どのシートを開いているのだろうか? それは画面下部でわかる。緑色で「Sheet1」とあるので、「Sheet1」を開いているということだ。そして、他のシートがないので「Sheet1」という名前のシートが1枚あるだけだ。シートは増やすことも、名前も変えられる。それについては5章で説明しよう。

ブック＝本とイメージしよう

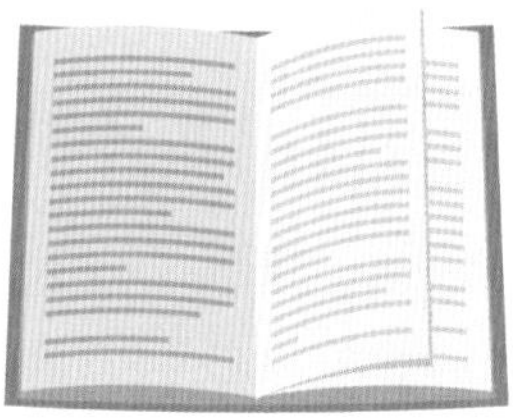

●名前を付けて保存と上書き保存の方法

画面上部のタイトルバーを見ると、「ｂｏｏｋ１」とある。このままエクセルを終了すると、せっかく入力したデータが消えてしまう。そこで、保存の操作が必要となる。

まずは、「ファイル」タブをクリックする。すると、エクセルのホーム画面が表示されるので、**左の一覧にある「名前を付けて保存」をクリック**しよう。

保存の画面が表示されたら、ファイル名を入力する。ファイル名は英数字でも日本語でも、全角、半角でもかまわない。

また、ファイル種類が「Ｅｘｃｅｌブック」になっているが、他のファイル形式で保存することもできる。ここではそのまま「保存」ボタンをクリックする。

保存の操作が終わって画面上部を見ると、「ｂｏｏｋ１」が、入力したファイル名に変わる。再び編集をし、保存するときは、上部にある「上書き保存」ボタンをクリックすればよい。この場合、前のファイルが上書きされるので、前の状態を残しておきたいなら、先ほどの「名前を付けて保存」で別の名前を付けて保存しよう。

ひょっとしたら「名前を付けて保存」ではなく、「コピーを保存」になっている人がいるかもしれない。どうしてそうなるかは2章のコラムで説明する。

初めて保存するときは「名前を付けて保存」

1「ファイル」タブの「名前を付けて保存」をクリック

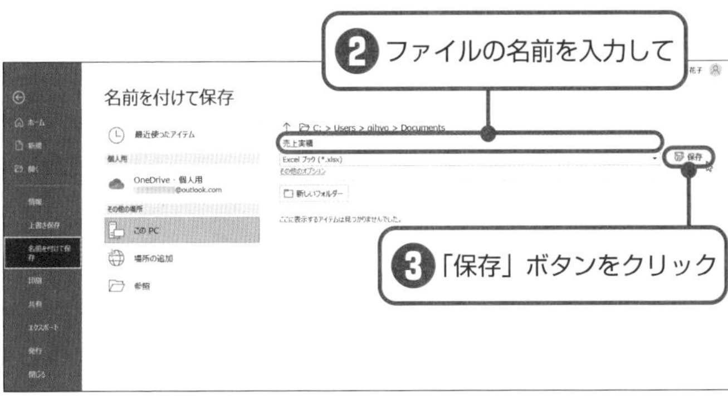
2 ファイルの名前を入力して
名前を付けて保存
売上実績
3「保存」ボタンをクリック

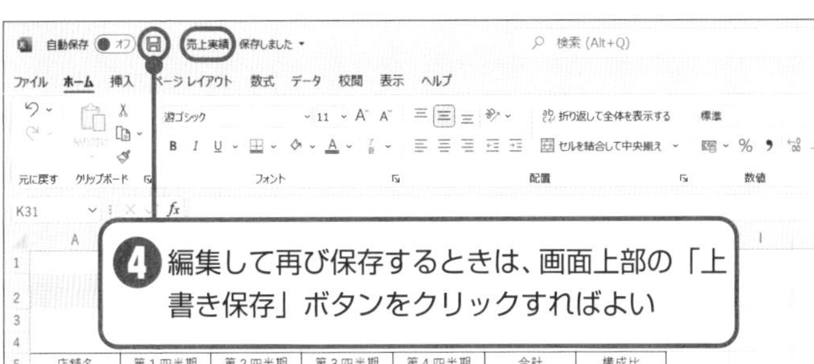
4 編集して再び保存するときは、画面上部の「上書き保存」ボタンをクリックすればよい
売上実績
店舗名
第1四半期
第2四半期
第3四半期
第4四半期
合計
構成比

Section 06

本書の解説の流れ

2章と3章の解説

2章では、売上実績表を作成しながら、**表作成の基本**について解説する。紙に表を書くときには、先に線を引いてから文字を書くことが多いが、エクセルでは、文字を入力してから線を引く。その方が何度も引き直す手間を省けるので効率的だ。そして罫線を引いた後に、文字サイズを大きくしたり、色を付けたりして強調させる。万が一、罫線を引いた後に、行や列が足りなくなっても、後からいくらでも追加できるので心配ない。反対に不要な行や列は、いつでも削除可能だ。

3章では、**計算機能**について紹介する。電卓のように足し算や割り算ができる。仮に数値に誤りがあった場合は、電卓では計算し直さないといけないが、エクセルの場合は、間違えた数値を修正するだけで自動的に再計算してくれる。一度入力した式をコピーすることだってできるのだ。計算機能を知ると、エクセルのすごさを実感できるはずだ。

4章から6章の解説

4章では、エクセルの醍醐味と言える**グラフ機能**について説明する。作成した表を元に、かんたんにグラフを作れることを知ってほしい。また、グラフを見やすくするための編集方法も紹介する。

5章では、**自由に罫線を引く方法や見出しの行を固定して閲覧する方法**など、知っていると便利な操作方法を紹介する。エクセルで使いやすい表を作成するコツは、1つのシートに1つの表を作成することだ。その方が管理しやすくなる。また、表の周囲にデータを入力せず、1行に1件のデータを入力すると、並べ替えがうまくいく。そのようなポイントも説明している。

6章では、**印刷機能**について解説する。エクセルの場合、そのまま印刷するとうまく収まらないことが多いので、印刷設定についても覚えておこう。

以上が本書の内容だ。エクセルでの表作成から印刷までの流れに沿って解説しているので、実務ではこれらを念頭において作業すると、仕事がスムーズに進むはずだ。

それでは、2章に進もう！

本書の解説の流れ

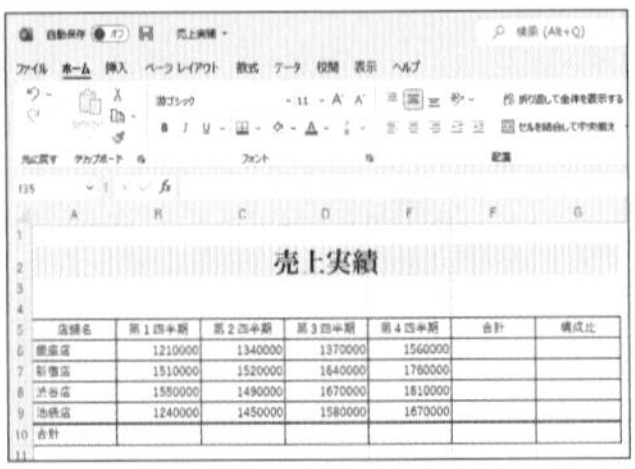

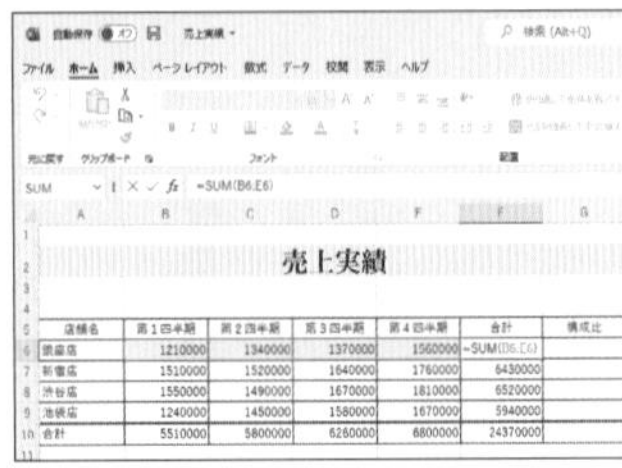

2章では表の見た目をよくする方法を紹介

3章では計算機能をていねいに解説

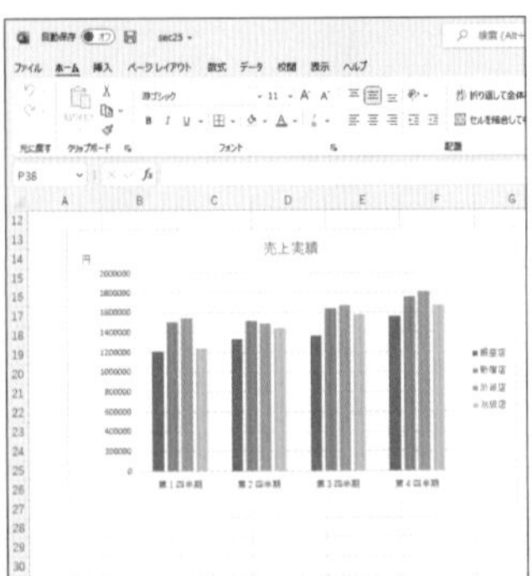

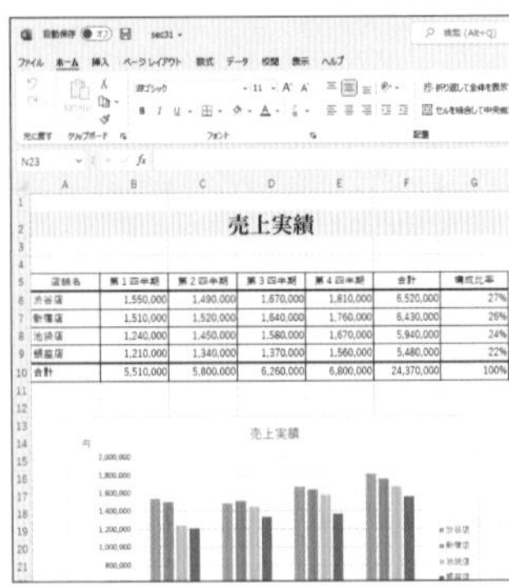

4章では表を元にグラフを作成

5章では数値の書式設定や、並べ替えなどを解説

Chapter

2

表作成の基本をおさえよう

Section 07

連続性のあるデータはかんたんに入力できる

まずはデータの入力方法を覚えよう

この章からは、売上実績表を作成しながら解説を進めていく。表の作成は、データを入力するところから始まるが、**エクセルでのデータ入力は、ワードとは少し異なる**ので、ここで説明しておこう。

まず、パソコン画面の右下を見てみよう。「A」または「あ」とある。英字と数字を入力する場合は、ここを「A」にし、ひらがななどの日本語を入力する場合は「あ」にする。この「A」または「あ」をクリックして切り替えてもよいが、キーボードの半角/全角キーまたはCaps Lockキーを押すと速く切り替えられる。

英字と数字は、入力モードを「A」にして入力し、Enterキーを押すだけなのでかんたんだ。

では、日本語はどうだろう。日本語の場合は、入力モードを「あ」にする。試しに「あさ」と入力してみよう。すると、「変換できます」という意味で波線が付く。スペースキーを押して目的の漢字を選ぶと、今度は「これでよいですか?」という意味の下線が表示される。よければ Enter キーを押す。すると下線が消える。この状態ではまだ確定されていないので、さらに Enter キーを押して確定する。このように、日本語の入力は Enter キーを2回押すことになる。

　入力した文字の一部を修正する場合はセルの上をポイントし、マウスポインタが白い十字の形でダブルクリックすると編集できる状態になる。

入力の基本を覚えよう！

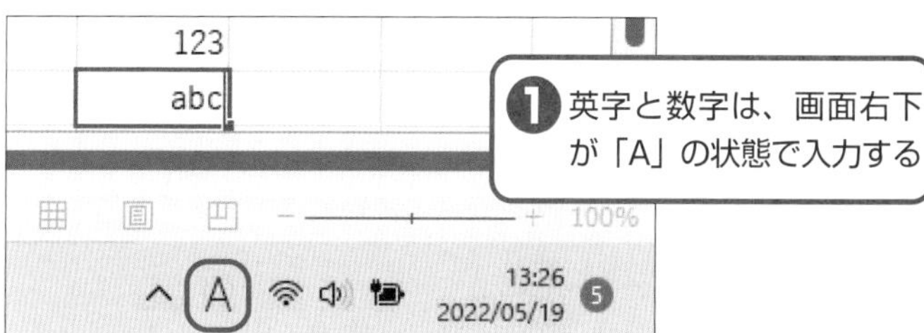

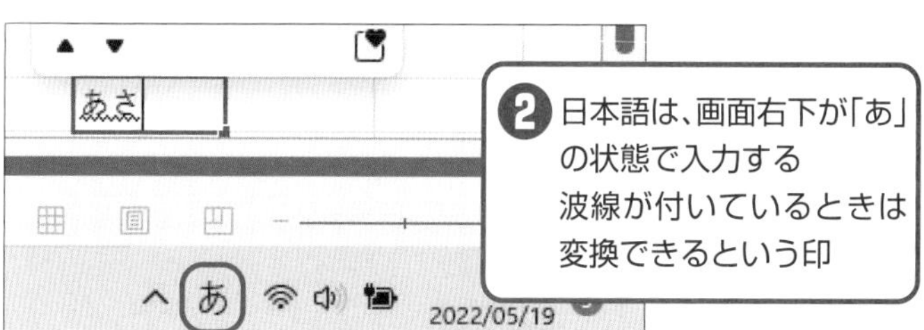

あさ
あ
2022/05/19
❷ 日本語は、画面右下が「あ」の状態で入力する
波線が付いているときは変換できるという印

●データの連続性って何？

基本的な入力方法がわかったら、データ入力は大丈夫だろう。ただ、膨大な量のデータを入力するときには、なるべく時間を短縮したいところだ。そのために、効率よく入力できる機能が複数用意されている。その1つを紹介しよう。

たとえば、予定表の作成で、「月、火、水…」と曜日を入力するとき、月曜日から1つ1つ入力するのは意外と面倒だ。日数が少なければまだよいが、1か月分となると時間がかかってしまう。

「月、火、水…」や「1日、2日、3日…」のように、規則的に続くデータを、エクセルでは「連続データ」と呼ぶ。そして、その**連続データを入力するときに役立つのが「オートフィル」**という機能だ。はじめて聞く人もいるだろうから説明しよう。

左ページに、連続データの例をあげた。曜日や日付だけでなく、「1組、2組、3組…」や「No.1、No.2、No.3…」のような、文字と数字が組み合わさっている場合でも、数字の部分に規則性があるものとして連続データになる。これらはすべてオートフィルを使って効率よく入力することができる。

全部手入力しなくても自動的に入力できる

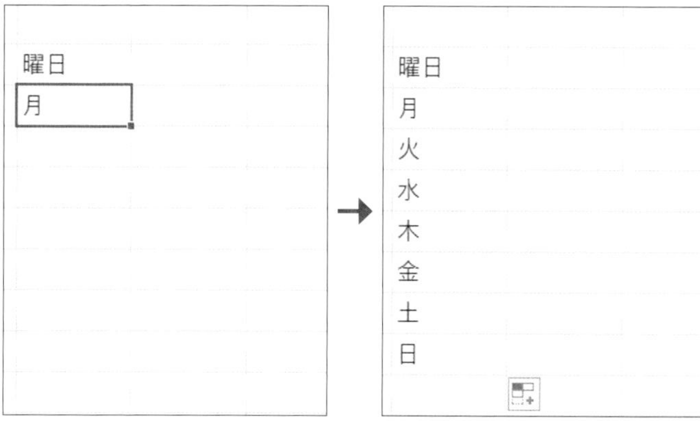

オートフィル機能を使うと、「月」と入力した後、他の曜日をすばやく入力できる

曜日	日付	月	数字+文字	文字+数字
月	1日	1月	1組	No.1
火	2日	2月	2組	No.2
水	3日	3月	3組	No.3
木	4日	4月	4組	No.4
金	5日	5月	5組	No.5
土	6日	6月	6組	No.6
日	7日	7月	7組	No.7

いろいろな連続データ

●オートフィルでデータを入力する

では、オートフィルの使い方を説明しよう。ここでは「第1四半期」のセルをクリックする。クリックしたセルの右下角にある小さな四角形が見えるだろうか？　この四角形を「フィルハンドル」と呼んでいる。

次に、フィルハンドルの上にマウスポインタを置こう。マウスポインタが「＋」の形になる。「＋」の形で、マウスの左ボタンを押し、そのまま右方向へドラッグする。すると、「第2四半期」「第3四半期」「第4四半期」が自動的に入力された。これがオートフィル機能だ。うまくいかない人は、マウスの左ボタンで「＋」をしっかり捕まえるつもりでドラッグしよう。

今入力したのは、規則性のある連続データだ。では、規則性がない文字や数値の場合はどうだろう？　その場合は、コピーとなり、同じ文字が入力される。**同じ商品名や数値を続けて入力する場合に、コピーと貼り付けの機能を使わずに手早く入力できる**。

ところで、フィルハンドルをドラッグした後、最後のセルにボタンが出たのが気になるだろう。これは、「オートフィルオプション」ボタンといい、クリックして「セルのコピー」や「書式なしコピー」などから選べるようになっている。

フィルハンドルを捕まえてドラッグしよう

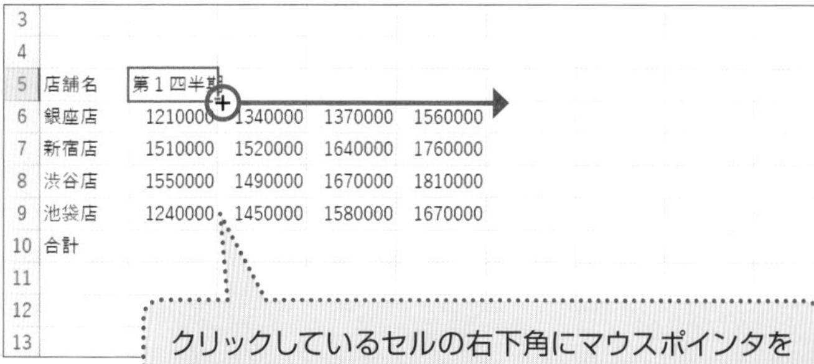

クリックしているセルの右下角にマウスポインタを置き、「+」の形のままドラッグする。ここでは横方向だが、縦方向も可能

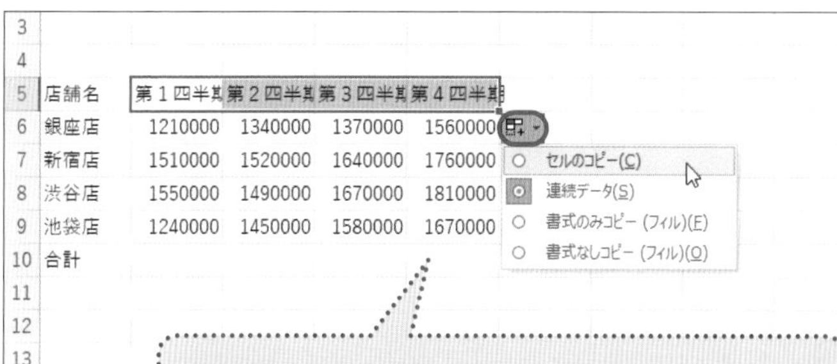

連続データを入力できた。「オートフィルオプション」ボタンをクリックするとセルのコピーも可能

One Point

➔ 連続データでない場合はコピーになる

Section 08

文字がはみ出した場合は列幅を調整しよう

●セルから文字がはみ出したときの対処法

左ページを見てみよう。セルA1に「2021年度売上実績表」と入力したのだが、セル内に収まらず、隣のセルにはみ出している。

また、セルC4の「さいたま新都心店」の文字が途中で切れている。短い文字列の場合は問題ないのだが、長い文字列だと、こうなることがよくある。なぜだろう?

それらの理由は、列幅が関係している。最初の段階では、どのセルの幅も同じサイズなので、長い文字列を入力すると、セルからはみ出してしまうのだ。隣のセルに文字が入力されている場合は、上にかぶさってしまい、途中で切れているように見えてしまう。

セル「H4」も見てみよう。「######」とある。ここには、本来数値が表示されるはずなのだが、桁数が多いためこのように表示されている。

これらはすべて列幅が狭いための現象なので、列の幅を広げることで解決する。

セルに表示しきれないのは列幅が原因

隣のセルにはみ出している
隣のセルの文字で隠れている
数値が表示しきれていない

	A	B	C	D	E	F	G	H
1	2021年度売上実績表							
2								
3		日付	支店名	担当者名	商品名	単価	数量	金額
4	1	4月2日	さいたま新都	山田	ミーティングテーブル	18,000	10	######
5	2	4月2日	大宮店	鈴木	オフィスデスク	21,000	20	######
6	3	4月2日	上野店	山中	スチールキャビネット	10,000		30,000
7	4	4月2日	上野店	中島	スチールシェルフ	12,000		60,000
8	5	4月2日	大宮店	鈴木	オフィスチェア			
9	6	4月3日	田端店	榎木	ミーティングテ			
10	7	4月3日	上野店	山中	スチールシェル			
11	8	4月3日	神田店	田所	スチールキャビ			
12	9	4月3日	上野店	川島	オフィスデスク	21,000	2	42,000
13	10	4月5日	さいたま新都	真鍋	スチールシェルフ	12,000	2	24,000
14	11	4月5日	田端店	榎木	オフィスデスク	21,000	6	######
15	12	4月5日	田端店	榎木	オフィスチェア	13,000	6	78,000
16	13	4月6日	池袋南口店	佐藤	スチールキャビネット	10,000	5	50,000
17	14	4月6日	さいたま新都	真鍋	ミーティングテーブル	18,000	2	36,000
18	15	4月6日	田端店	笹島	スチールシェルフ	12,000	3	36,000
19	16	4月6日	神田店	田所	オフィスデスク	21,000	12	######
20	17	4月6日	神田店	田所	オフィスチェア	13,000	12	######
21	18	4月6日	さいたま新都	山田	スチールキャビネット	10,000	2	20,000
22	19	4月7日	田端店	榎木	スチールシェルフ	12,000	5	60,000

↓

すべて列幅を広げれば解決する！

●列幅や行高の広げ方

それでは、列幅を広げる方法を説明しよう。先ほどオートフィルで入力した「第1四半期」の文字の列幅が狭いため、「期」の文字が少し隠れている。そこで、列幅を調整したい。

「第1四半期」はセルB5にあるので、列番号Bと列番号Cの境界線の上にマウスポインタを置く。マウスポインタの形が二方向の矢印になったら、右にドラッグする。すると、列幅が広がり、「期」の文字が見えるようになった。このように、**列番号の境界線をドラッグすると、自由に列幅を調整できる**。

とはいえ、ちょうどよい列幅とはどのあたりなのだろう？　何行にもデータが入力されている場合は、どのセルの文字に合わせればよいかわからず時間がかかりそうだ。そこで、列番号の境界線をダブルクリックしてみよう。すると、列幅がちょうどよい幅に自動的に調整される。この方がドラッグするより効率がよいのでおすすめだ。

一方、行の高さを調整する場合は、行番号の境界線をドラッグする。行の高さを広げたい行番号の下の境界線をドラッグすればよい。列幅の調整と比べると使う機会は少ないが、レイアウトがしっくりいかないときに使ってみるとよいだろう。

列番号や行番号の境界線で幅を広げられる

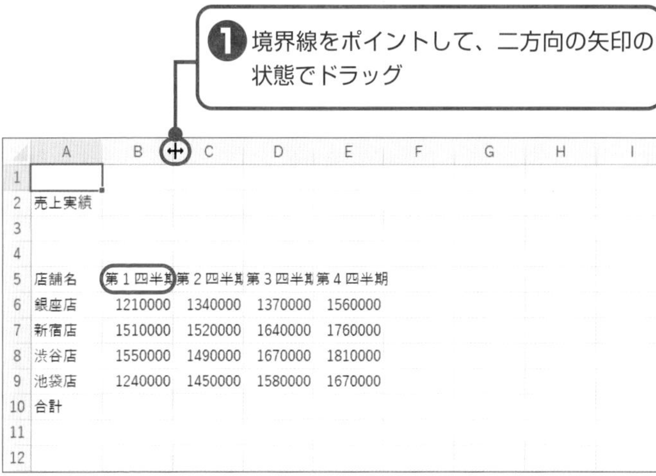

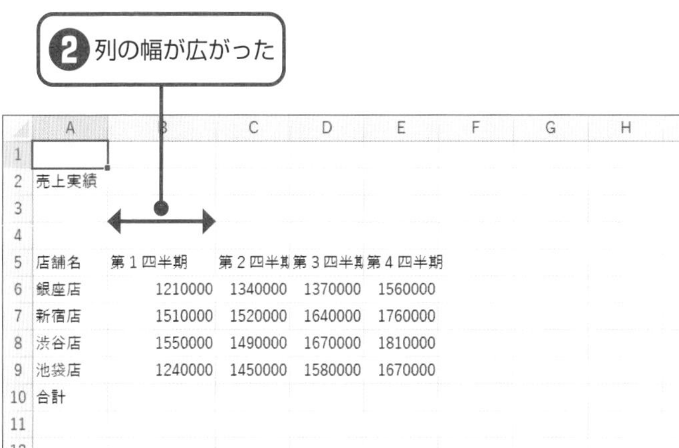

Section 09

罫線を引いて表を整えよう

罫線を引いて印刷したときにも見やすい表にする

データを入力して、セル内に文字列が収まっていることを確認したら、次は罫線を引く作業だ。1章で罫線についてかんたんに説明したが、罫線にどのような効果があるかも見ておこう。

左ページに、罫線を引く前の表と、罫線を引いた後の表を印刷して並べた。罫線の有無で、だいぶ違って見えるだろう。たとえば、「京都」の「11月」の売上額を知りたいとき、罫線がない表では、間違えて別の金額を示さないように、指で辿ったり、定規を置いたりして探さなければいけない。見た目も、どこか物足りない感じがする。

一方、罫線を引いた表は、横線と縦線を使って辿れば、目的の金額が見つかる。やはり、印刷したときに線があった方が、見やすくて、きれいな表になるのは明らかだ。

とはいえ、やみくもに罫線を引いても、後から修正が大変になるので、**基本的な引き方をしっかり覚えておく必要がある**。

罫線の効果はビフォーアフターを見れば一目瞭然

罫線を引く前

「京都」の「11月」の売上額を見るのに指で辿らないといけない

年間売上表

	4月	5月	6月	7月	8月	9月	10月	11月	12月
東京	14,886,024	13,947,144	13,819,704	12,811,152	14,494,128	16,309,536	14,248,008	12,712,608	14,406,024
神奈川	11,908,819	11,398,406	10,170,086	10,121,107	13,047,629	10,248,922	11,157,715	10,350,874	11,524,819
埼玉	11,164,518	10,460,358	9,703,944	10,804,518	10,364,778	9,608,364	10,686,006	9,534,456	9,488,538
千葉	7,443,012	6,973,572	6,356,304	6,325,692	7,247,064	6,909,852	7,124,004	6,469,296	7,203,012
大阪	13,535,608	12,076,978	12,018,815	13,769,422	13,128,719	12,170,594	14,141,723	13,249,787	12,291,662
京都	7,923,313	7,934,929	8,970,245	7,836,404	6,991,934	6,958,261	8,187,313	7,670,929	7,116,226
兵庫	5,954,410	5,578,858	5,699,203	5,085,043	5,060,554	6,523,814	5,175,437	5,762,410	5,770,858
奈良	3,795,415	4,348,238	4,145,911	4,321,807	4,328,143	4,892,861	4,274,402	3,813,782	4,465,807

罫線を引いた後

横と縦の罫線を使えば見つけやすい

年間売上表

	4月	5月	6月	7月	8月	9月	10月	11月	12月
東京	14,886,024	13,947,144	13,819,704	12,811,152	14,494,128	16,309,536	14,248,008	12,712,608	14,406,024
神奈川	11,908,819	11,398,406	10,170,086	10,121,107	13,047,629	10,248,922	11,157,715	10,350,874	11,524,819
埼玉	11,164,518	10,460,358	9,703,944	10,804,518	10,364,778	9,608,364	10,686,006	9,534,456	9,488,538
千葉	7,443,012	6,973,572	6,356,304	6,325,692	7,247,064	6,909,852	7,124,004	6,469,296	7,203,012
大阪	13,535,608	12,076,978	12,018,815	13,769,422	13,128,719	12,170,594	14,141,723	13,249,787	12,291,662
京都	7,923,313	7,934,929	8,970,245	7,836,404	6,991,934	6,958,261	8,187,313	7,670,929	7,116,226
兵庫	5,954,410	5,578,858	5,699,203	5,085,043	5,060,554	6,523,814	5,175,437	5,762,410	5,770,858
奈良	3,795,415	4,348,238	4,145,911	4,321,807	4,328,143	4,892,861	4,274,402	3,813,782	4,465,807

表に罫線を引く

エクセルでは、セルに何かをするとき、「どのセルに行うのか」という範囲選択を先に行う必要がある。ここでも**罫線を引く範囲として表全体をドラッグで選択する**。その際、セルの上にマウスポインタを置き、「白い十字」の形でドラッグしよう。

ドラッグで範囲を選択したら、「ホーム」タブの「フォント」グループに「田」の字の「罫線」ボタンを探そう。見つけたら、右にある「v」をクリックし、線の種類を選択する。下だけの線や外枠の線などいろいろあるが、ここでは一般的な線の「格子」を選ぼう。線を引いたら、表以外のいずれかのセルをクリックして、範囲選択を解除する。

すると、表全体に黒い線が表示された。セルの枠線とはあきらかに違うだろう。

次に、「合計」の行の上に二重線を引いてみよう。二重線を引く上のセルを選択するので、ここでは、セル「A9」から「G9」をドラッグする。選択したら、「罫線」ボタンの「v」をクリックして「下二重罫線」をクリックする。

罫線を削除したい場合は、範囲を選択した後、「罫線」ボタンの「v」をクリックし、「枠なし」を選択すると消すことができる。

範囲を選択してから罫線を選ぶ

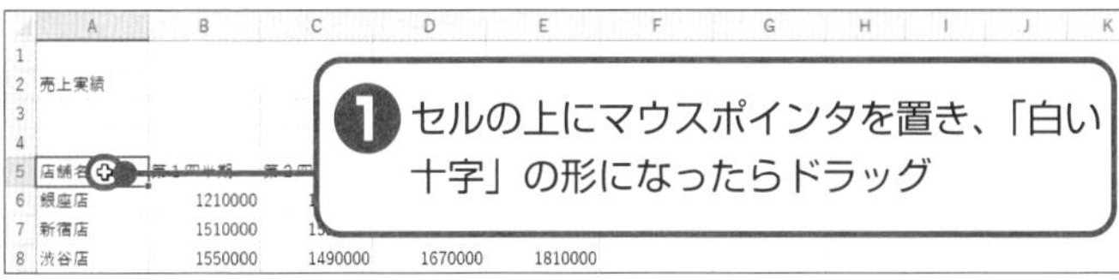

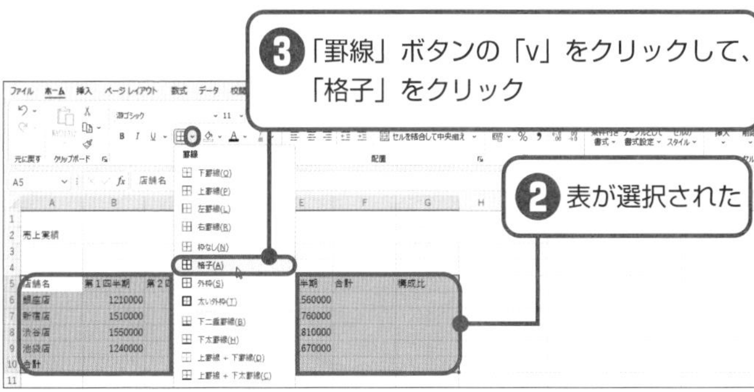

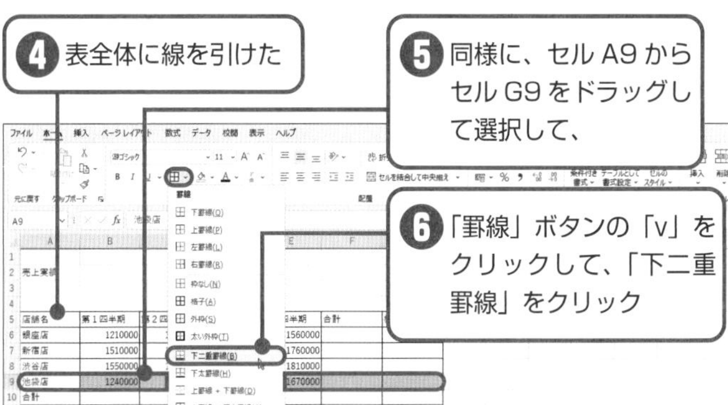

❹ 表全体に線を引けた
❺ 同様に、セル A9 からセル G9 をドラッグして選択して、
❻ 「罫線」ボタンの「v」をクリックして、「下二重罫線」をクリック

Section 10

セルの中の文字の位置を整えよう

表見出しを中央揃えにする

セルに文字列を入力すると、セルの中で左に寄って文字が表示される。通常は、それでもよいのだが、しっくりこないときもある。たとえば、表見出しは、セル内の左に寄っていると、アンバランスだ。数値に合わせて右寄せにしてもいまひとつ。やはり中央に配置するのが、一番見栄えがよく、目立たせることができる。

文字列の配置を変えるには、**「ホーム」タブの「配置」グループにあるボタンを使う**。左から「左揃え」「中央揃え」「右揃え」ボタンだ。

ボタンを確認したら、表見出しを中央揃えにしてみよう。1つ1つに設定しなくても、一度に複数個所に設定することが可能だ。ここでは、表見出しの文字列を中央に配置するので、セルA5からセルG5までをドラッグして選択する。

選択した部分が太枠で囲まれたことを確認し、「中央揃え」ボタンをクリックしよう。

セルの中央に配置すると見た目がよくなる

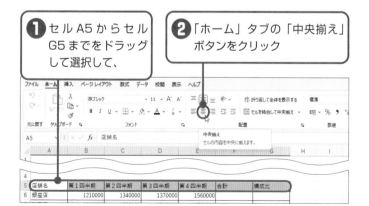

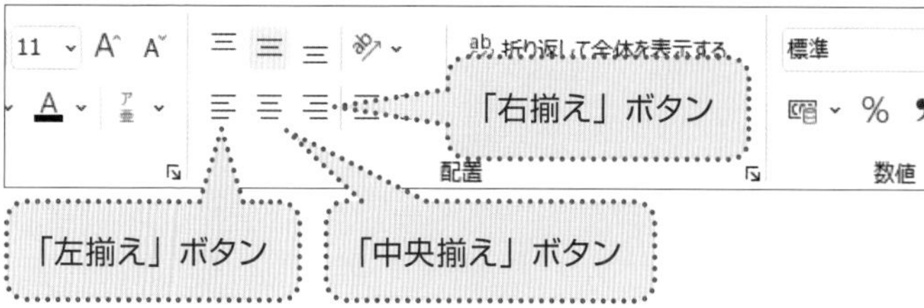

売上額
14,886,024
11,908,819
11,164,518
7,443,012
13,535,608

左揃え

売上額
14,886,024
11,908,819
11,164,518
7,443,012
13,535,608

中央揃え

売上額
14,886,024
11,908,819
11,164,518
7,443,012
13,535,608

右揃え

❶セルA5からセルG5までをドラッグして選択して、

❷「ホーム」タブの「中央揃え」ボタンをクリック

Section 11

セルをつなげて文字を配置しよう

表のタイトルなどをうまく配置するには？

一般的に、表のタイトルは、表の左端から右端のちょうど真ん中に来るように配置する。見積書や注文書などでも、文書の上部中央にタイトルを入れ、目立つようにしているケースがほとんどだ。

タイトルを中央に配置する際、46ページで説明した「中央揃え」を使いたくなるだろうが、それではうまくいかない。複数のセルを選択して、「中央揃え」ボタンをクリックしても、文字列はセル内で中央揃えになるだけだ。また、「スペース」キーを押して、中央に配置しようとしても、ぴったりいかないし、時間もかかる。

そのような場合は、**複数のセルを1つのセルにして、中央に配置すると上手くいく**。

複数のセルを1つのセルとして結びつけることを「セルの結合」という。そして、セルを結合させて中央に配置できるボタンが用意されている。どのようなボタンか、この後説明しよう。

表の中央に配置するのは意外と難しい？

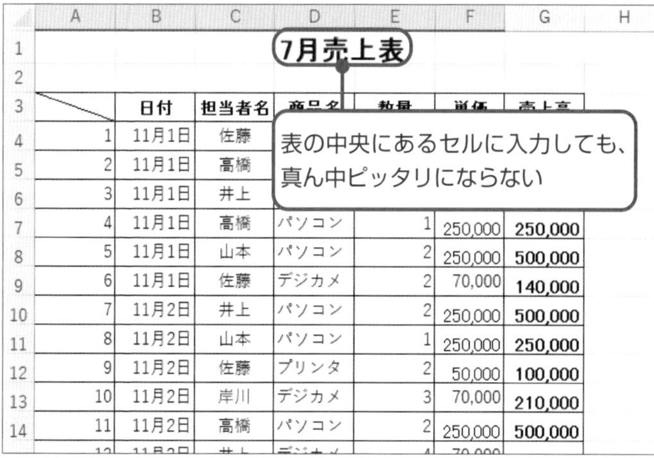
7月売上表
表の中央にあるセルに入力しても、
真ん中ピッタリにならない

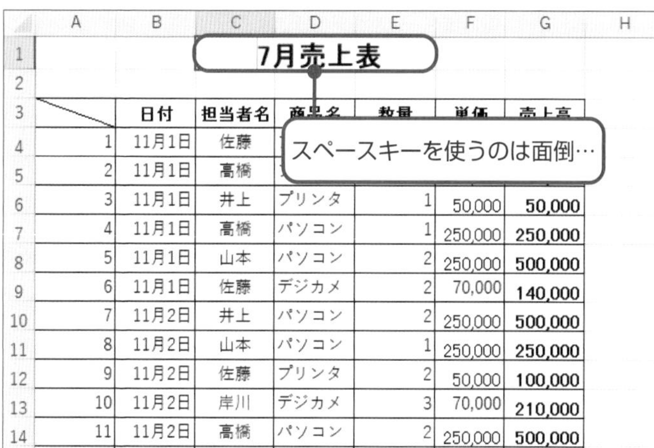
7月売上表
スペースキーを使うのは面倒…

●セルを結合して1つのセルにする

では、セルを結合してみよう。まず、どこからどこまでの範囲で中央に配置するかを決めなければいけない。ここでの場合、表の中央に配置されるようにしたいので、表の左端のセルA2から右端のセルG2までをドラッグする。

選択したら、「ホーム」タブの「配置」グループにある**「セルを結合して中央揃え」ボタンをクリック**しよう。

すると、文字列が範囲選択した部分の中央に配置される。他のセルをクリックして範囲選択を解除してみると、セルの枠線が消えているので、結合されて1つのセルになっていることがよくわかる。

ところで、ここでは1つのセルのみに文字が入力されていたが、複数のセルに文字が入っていた場合は、結合するとどうなるだろう？　その場合は、選択した範囲の左上のセルに入力されている文字列が中央揃えになる。他のセルに入力されている文字は削除されてしまうので気を付けよう。

なお、「セルを結合して中央揃え」を解除したいときには、結合されているセルをクリックし、再度「セルを結合して中央揃え」ボタンをクリックすればよい。

「セルの結合」と「中央揃え」を1つのボタンでできる

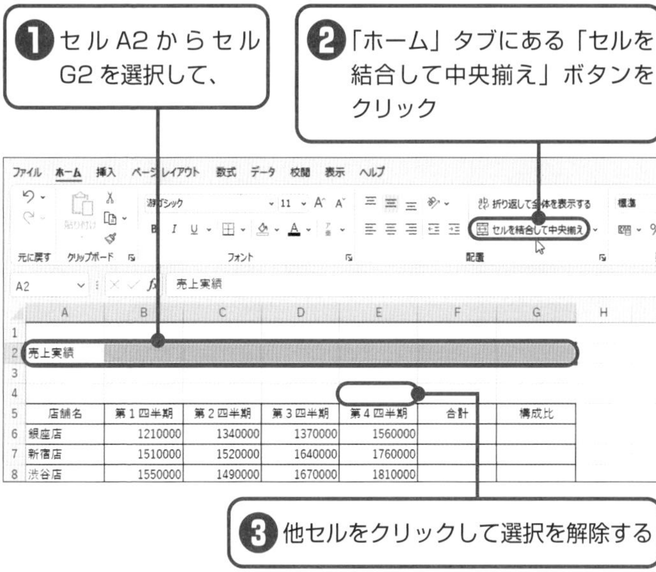
❶セルA2からセルG2を選択して、
❷「ホーム」タブにある「セルを結合して中央揃え」ボタンをクリック
❸他セルをクリックして選択を解除する

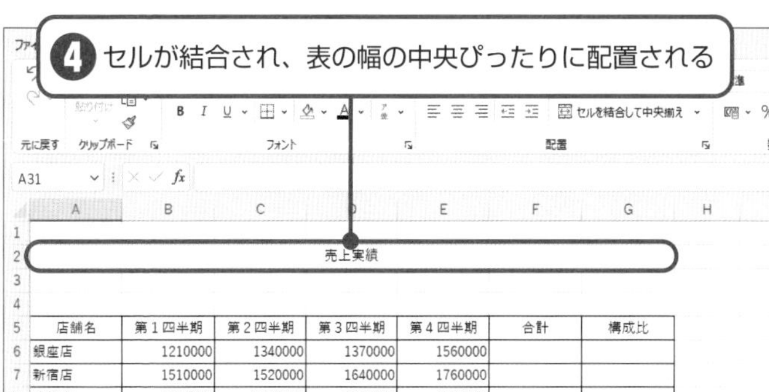
❹セルが結合され、表の幅の中央ぴったりに配置される

Section 12

文字の見た目を変えて表を見やすくしよう

フォントの設定で文字の見た目を変える

「フォント」とは、パソコン上で使う文字の書体のことをいう。フォントの設定を変えることで、**文字を目立たせたり、読みやすくしたりすることが可能**だ。

では、タイトル「売上実績」が目立つように、フォントを設定してみよう。まず、文字のサイズを大きくする。「売上実績」のセルをクリックし、「ホーム」タブの「フォント」グループにある「フォントサイズ」ボックスの「v」をクリックして「24」ポイントをクリックする。ポイントは、フォントサイズの単位のことだ。

次に、書体を変えて見栄えをよくしてみよう。「売上実績」のセルをクリックし、「フォント」ボックスの右にある「v」をクリックする。デフォルトでは、「游ゴシック」になっているが、エクセルで用意されているフォントやパソコンにインストールされているフォントから選べるので、文書のイメージで選ぼう。たとえば、ビジネス文書なら、「ゴシック」や「明朝」がふさわしい。ここでは、「HGS明朝E」を選択する。

文字のサイズと種類を変えて目立たせる

❶ セル A2 をクリックして選択する

❷「ホーム」タブの「フォントサイズ」ボックスの「v」をクリックして、「24」を選ぶ

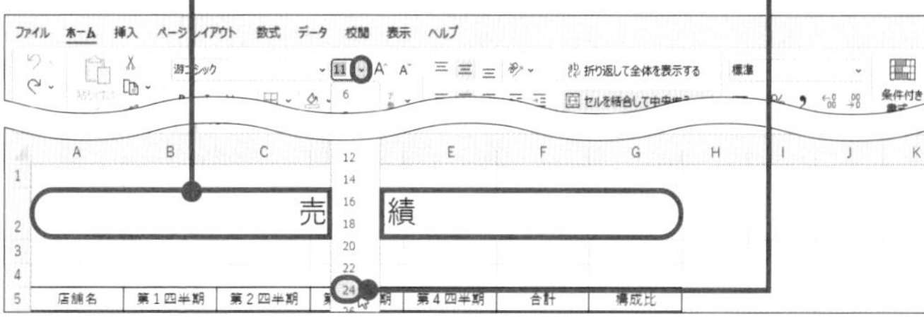

❸ セル A2 をクリックし、「ホーム」タブの「フォント」ボックスの「v」をクリックして「HGS 明朝 E」を選ぶ

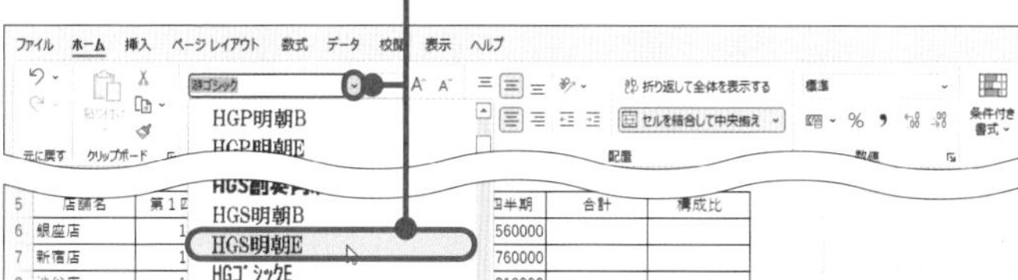

❹ 文字の大きさと種類が変わった

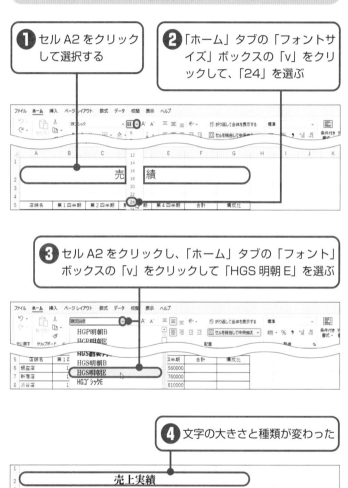

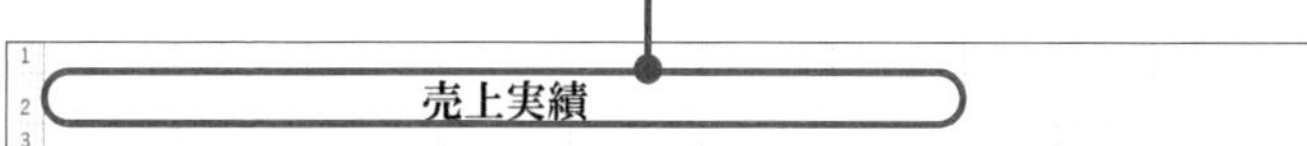

●フォントの色を変える

次に、タイトル「売上実績」の文字に色を付けてみよう。「売上実績」のセルをクリックしたら、「ホーム」タブの「フォント」グループに、「A」が書かれた「フォントの色」ボタンを探そう。「A」の下には、現在の色が表示されているが、その横のある「v」をクリックすると、色一覧から選べる。「テーマの色」と「標準の色」どちらから選んでもよい。

色をポイントすると、セル内の文字が変化し、どのようになるかを確認できる。**「リアルタイムプレビュー」という機能**だが、設定前に確認ができるので、それでよければクリックすればよい。これは、先ほどのフォントのサイズや種類でも使える。

文字の色を変更し、「フォントの色」ボタンの「A」の下を見てみると、設定した色になった。次回、同じ色を設定するときは、「フォントの色」ボタンをクリックするだけで済む。もちろん別の色にする場合は「v」をクリックして色を選択しよう。

注意として、奇抜すぎて肝心なデータが読みにくくなっては元も子もない。また、何色も設定すると、目がチカチカすることもある。あくまでも、見やすさが大事ということを忘れないようにしよう。

文字には好きな色を付けられるがやりすぎは禁物

❶ 色を付ける文字を選択し、「フォントの色」ボタンの「v」をクリックして色を選択する

❷ リアルタイムプレビューで色の確認ができる

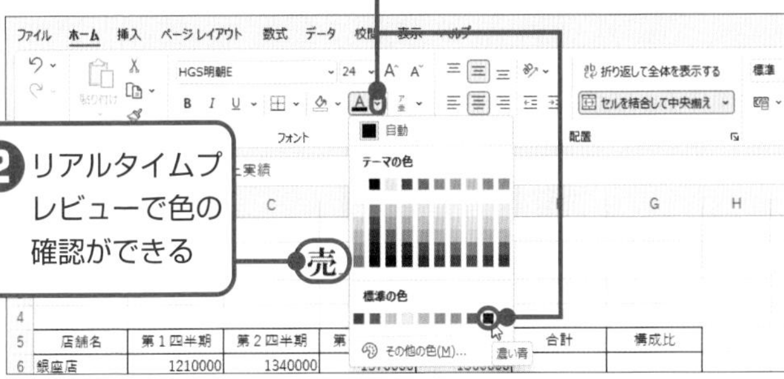

❸ 色が設定された

❹「A」の下の色が変わる（ここでは黒から紺色）。次回、同じ色を設定するときは「フォントの色」ボタンをクリックするだけでOK

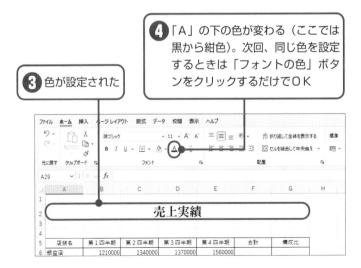

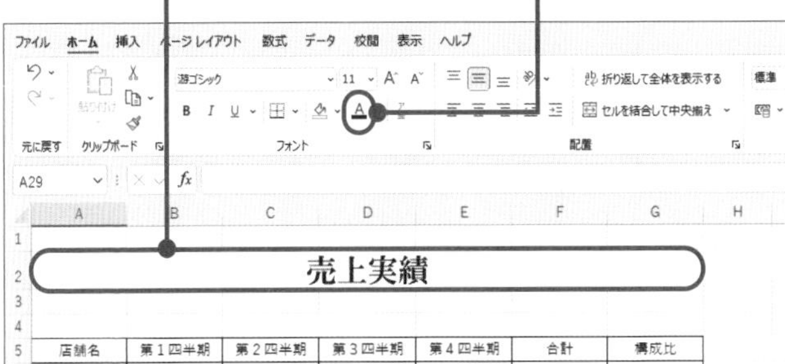

Section 13

セルに色を付けてタイトルを目立たせよう

●セルの塗りつぶしとは？

54ページでは、文字の色を設定したが、セル自体に色を付けて背景色を付けることもできる。看板をイメージしてほしい。背景に色を塗って、その上に違う色で文字を入れられるということだ。

ここで気を付けたいのが色の選択である。たとえば、フォントの色が黒の場合、セルの色を暗めの色にすると、文字が見えづらくなってしまう。フォントの色が黒以外だったとしても、セルの色を同系色で選ぶと見えにくい。

そこで、**フォントの色とセルの色の濃淡を意識して選択するのがおすすめ**だ。たとえば、フォントの色が黒や紺色の場合は、セルの色を水色や薄い黄色などにするとよい。反対に、セルの色が黒や紺色の場合は、フォントの色を白や黄色にすると、文字がはっきりする。ビジネス文書で使う場合は、派手な色は好まれないので、黒または紺色の背景に白い文字がおすすめだ。

セルとフォントの色は看板のようなもの

One Point

➔ セルの色は、フォントの色を意識して選ぶ

●セルに色を付ける

では、実際にセルの色を設定してみよう。まず、「売上実績」のセルをクリックして選択する。セルの色は、「ホーム」タブの「フォント」グループにある「塗りつぶしの色」ボタンを使う。バケツを傾けている絵のボタンなので、バケツの中のペンキでセルに塗るようなイメージだ。

「塗りつぶしの色」ボタンの「∨」をクリックすると色の一覧が表示される。ここではちょうど隠れているが、「リアルタイムプレビュー」が使えるので、クリックする前に、文字が見えづらくないかを確認してからクリックするとよいだろう。いかがだろうか？　タイトルが協調され、全体的にひきしまってきただろう。そして「塗りつぶしの色」ボタンを見てみよう。「フォントの色」ボタンと同様に、バケツのボタンの下の色が変わった。**次回、同じ色を設定するときには、一覧から選ばずに、このボタンをクリックするだけでよい**。

仮に、塗りつぶすのを取り消す場合は、設定したセルをクリックし、「塗りつぶしの色」ボタンの「∨」をクリックし、「塗りつぶしなし」をクリックすればよい。

文字が目立つようにセルを塗りつぶすのがポイント

❶ セルをクリックして、

❷「ホーム」タブの「塗りつぶしの色」ボタンの「v」をクリックして色を選択する

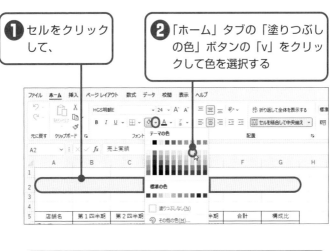

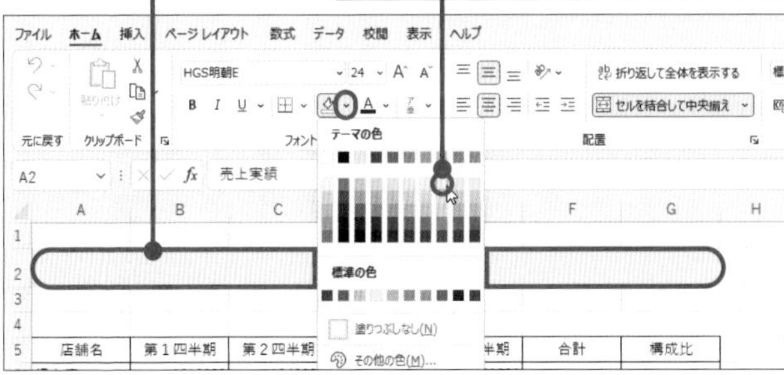

❸ セルに色が付いて、タイトルがより目立つようになった

❹ 次回同じ色を設定する場合は「塗りつぶしの色」ボタンをクリック

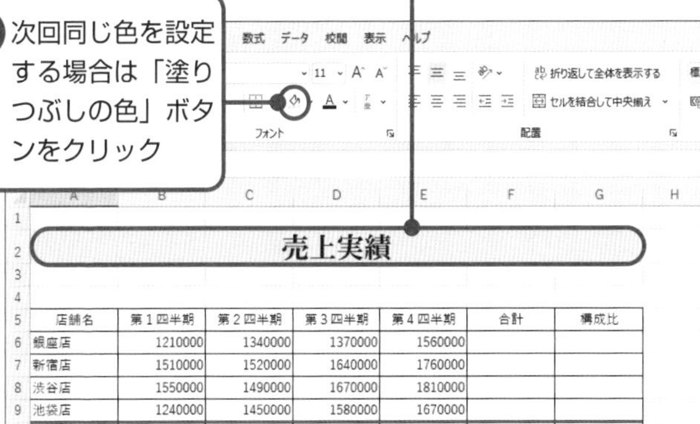

店舗名	第1四半期	第2四半期	第3四半期	第4四半期	合計	構成比
銀座店	1210000	1340000	1370000	1560000		
新宿店	1510000	1520000	1640000	1760000		
渋谷店	1550000	1490000	1670000	1810000		
池袋店	1240000	1450000	1580000	1670000		
合計						

Section 14

表を作った後でもデータを追加できる

●任意の場所に行や列を追加する

一通りのデータ入力が終わった後に、「1行入れ忘れた！」というのはよくあることだ。そのような場合でも慌てることはない。「いったん削除して、再度入力し直し」ということをしなくても、**好きな位置に、かんたんに行を追加することができる**。

その場合、「罫線は引き直さないといけないのでは？」と思う人もいるかもしれない。心配無用だ。書式を追加する行に、前の行の書式を引き継ぐことができるので、罫線が引かれた行が追加される。フォントのサイズや色なども引き継げるので設定し直す必要はない。逆に、書式を引き継がないようにすることも可能だ。

列の場合も、同様にいくらでも追加できる。どの位置にも追加できるので、表の項目を追加したいときでも問題ない。

後から行や列が必要になっても大丈夫

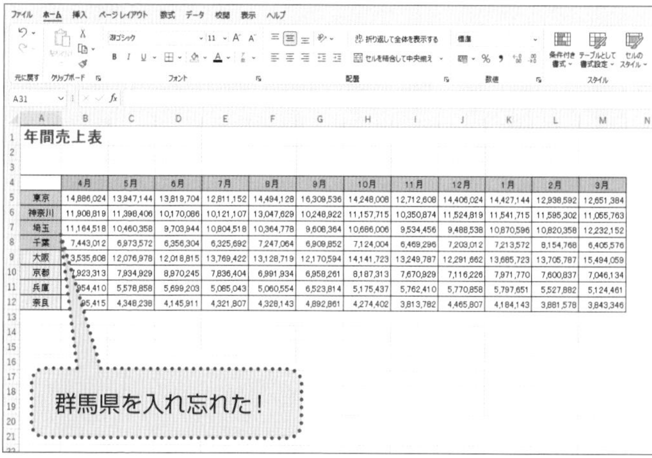
年間売上表
群馬県を入れ忘れた！

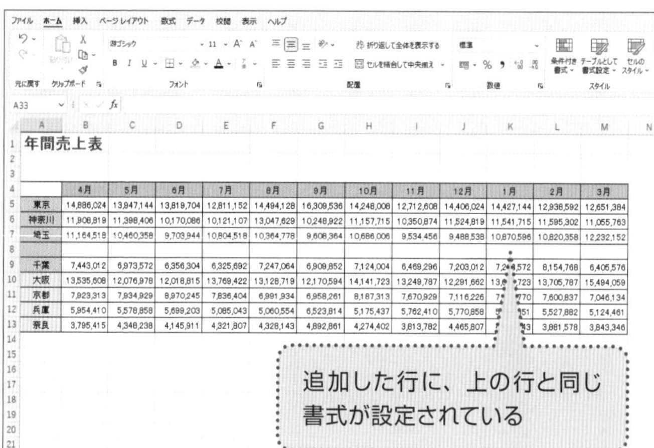
年間売上表
追加した行に、上の行と同じ書式が設定されている

●行・列を挿入する

それでは、どのように行と列を追加するかを説明しよう。まず、追加したい行の位置を確認しよう。ここでは「渋谷店」の下の9行目に1行追加する。行を追加する位置の行番号、ここでは「9」にマウスポインタを置く。マウスポインタが「→」の形になったらクリックしよう。

すると、行全体が太枠で囲まれた状態になり、1行分が選択される。選択できたら、「ホーム」タブの「セル」グループにある「セルの挿入」ボタンをクリックすると行が追加される。

その際、上の行に書式が設定されていた場合は、引き継がれる。もし、書式を引き継ぎたくない場合は、行を追加した後に、行番号の右に表示される「挿入オプション」ボタンをクリックして「書式のクリア」をクリックすればよい。

また、**複数行を追加したい場合は、行番号を下へドラッグして複数行を選択しよう**。そして、「セルの挿入」ボタンをクリックするとドラッグした行数分が追加される。

なお、ここでは行を追加したが、列を追加する場合も、追加したい列の列番号をクリックし、「セルの挿入」ボタンをクリックすると追加できる。

上の行の書式を引き継いで行が挿入される

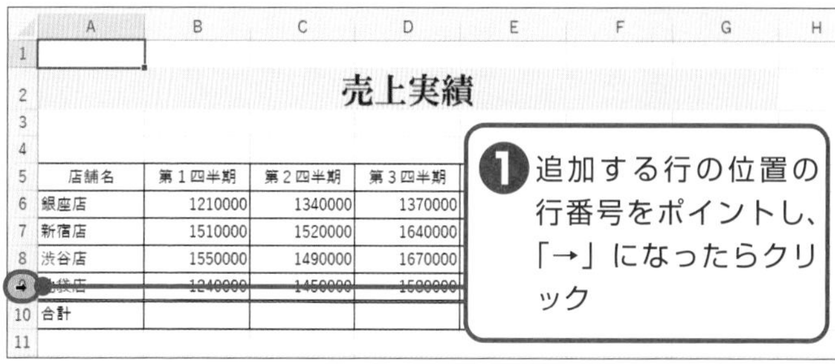
売上実績
❶追加する行の位置の行番号をポイントし、「→」になったらクリック

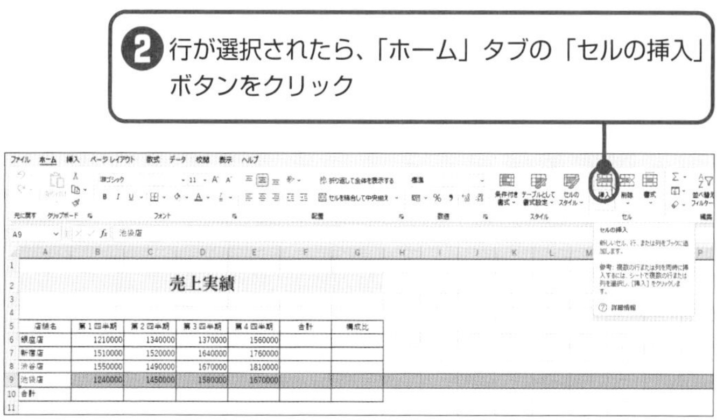
❷行が選択されたら、「ホーム」タブの「セルの挿入」ボタンをクリック
売上実績

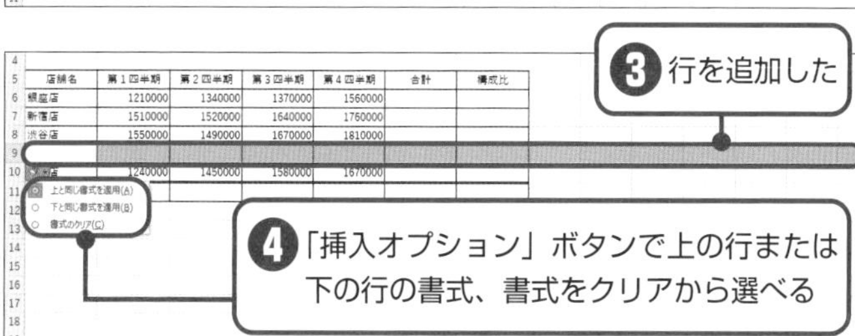
❸行を追加した
❹「挿入オプション」ボタンで上の行または下の行の書式、書式をクリアから選べる

Section 15

不要な行や列は削除しよう

行・列を削除する

データを入力していると、不要な行や列が出てくることもある。間違えて行や列を追加してしまうこともあるだろう。そのような場合は、いつでも削除が可能だ。

まず、削除したい行の行番号をクリックし、行全体を選択する。続いて、「ホーム」タブの「セル」グループにある「セルの削除」ボタンをクリックするだけだ。

列の削除の場合は、列番号をクリックして列全体を選択し、「セルの削除」ボタンをクリックすればよい。では、62ページで追加した行を削除しよう。

これが行・列の削除方法だが、もっと楽にできる方法があるので紹介しよう。**削除したい行番号あるいは列番号の上を右クリックし、表示されたメニューの「削除」をクリック**する。追加する場合も、右クリックして「挿入」を選ぶだけでよい。これならボタンを探す時間を省けるのでおすすめだ。

不要な行または列はいつでも削除可能

❶ 削除する行の行番号（列の場合は列番号）をクリックして選択し、

❷「ホーム」タブの「削除」をクリック

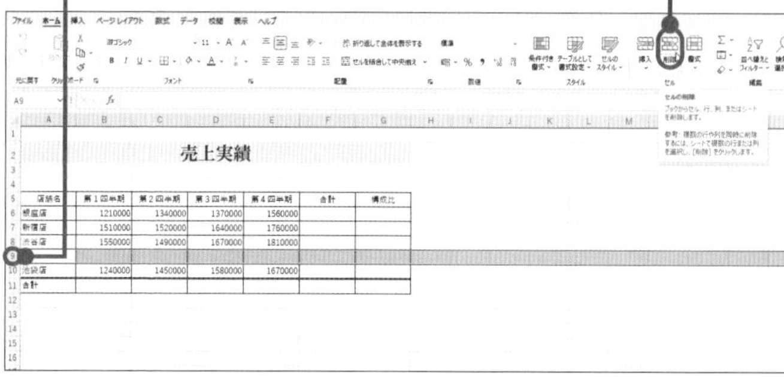

❸ 行番号 (列を削除する場合は列番号) の上を右クリックして、「削除」をクリックするとすばやく削除できる

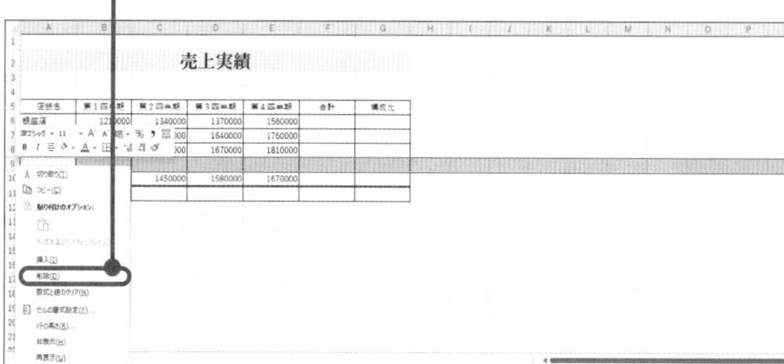

Column

保存しようとしたら「名前を付けて保存」がない!?

「ファイル」タブの「名前を付けて保存」と「上書き保存」が、「コピーを保存」になっている場合がある。これは、OneDriveを使っていて、自動保存にしている場合だ。OneDriveとは、ネット上にファイルを保存して、他の人とファイルを共有できるサービスのこと。会社や学校で使っている人もいるだろう。エクセルの画面左上の「自動保存」がオンになっていると、編集中のファイルが定期的にOneDriveに保存される。そのため、別のファイルとして保存する場合は「コピーを保存」を選択することになるのだ。

「自動保存」をオンになっているとOneDriveに自動保存される

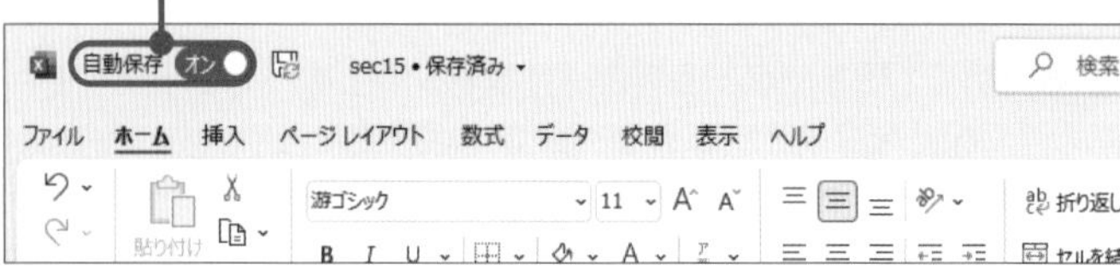

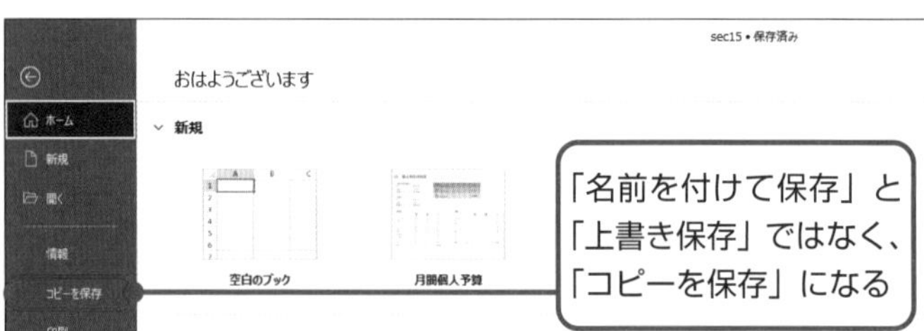

「名前を付けて保存」と「上書き保存」ではなく、「コピーを保存」になる

Chapter

3

数式や関数を使おう

Section 16

エクセルでできる計算の基本

●エクセルではセルに数式を入力すれば計算ができる

エクセルは表計算ソフトだが、ここまでの説明で、表を作れることは理解できただろう。では、エクセルでの計算はどのようなことをするのだろうか?

たとえば、「ワードの本とエクセルの本の合計金額がいくらになるか?」という計算をするとき、電卓を使う必要はない。エクセルでかんたんにできてしまうのだ。左ページを見てみよう。ここでは、「1518」と「1628」を足した額を求めたい。そこで、計算式を入力する。

エクセルでは、計算式のことを「数式」という。数式を入力して、Enterキーを押せば、計算結果が表示されるしくみになっているのだ。

だが、見た目ではセルに数式が入っていることがわからない。そこで、計算結果のセルをクリックし、上部の「数式バー」を見る。すると、入力した数式が表示されているので、本当に数式が入力されているのを確認できる。

エクセルなら電卓はいらない

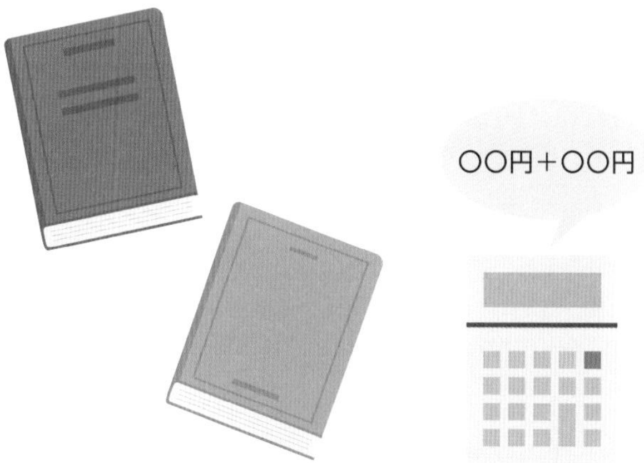

式を入力することで計算結果を求められる

数式バーを見ると数式が入っていることがわかる

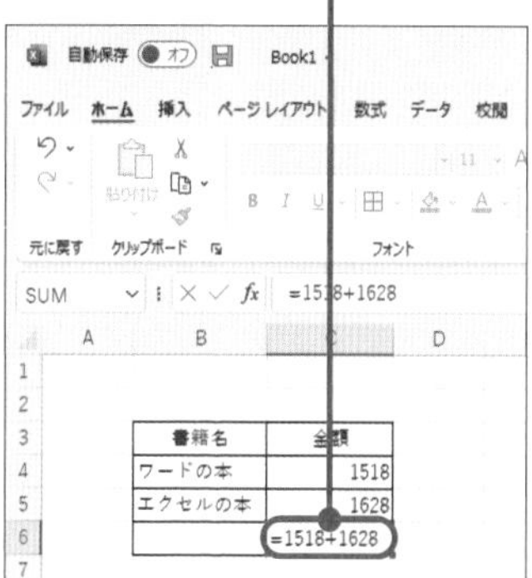

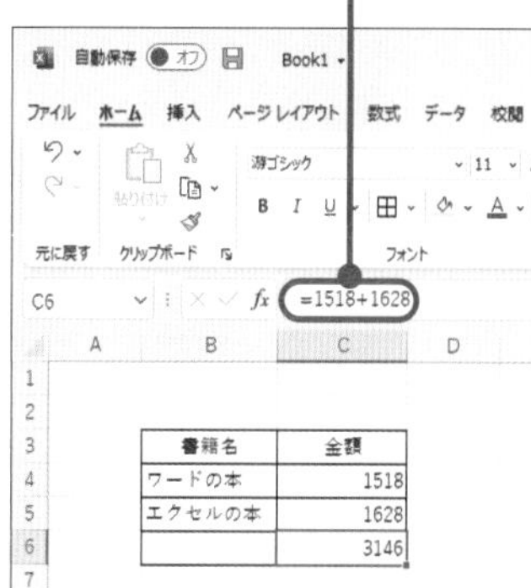

エクセルで四則演算を使う

計算には、「足し算」「引き算」「かけ算」「割り算」の基本的な計算方法がある。これを「四則演算」といい、**Excelでは記号を使ってこれらの計算ができる**。

では、足し算で合計を求めてみよう。Excelでは、計算を始める合図として、必ず「=」から始める。「=」は、キーボードの Shift キーを押しながら「ほ」を押す。

続いて、数字を入力し、「+」と入力する。キーボードにテンキーが付いていない場合は、Shift キーを押しながら「れ」を押すと入力できる。同様に2つめ以降の数字を入力し、最後に Enter キーを押すと、計算結果が表示される。

引き算の場合は、「-」を使う。「-」は、キーボードの「ほ」を押す。

掛け算は、「*」(アスタリスク)を使う。キーボードの Shift キーを押しながら「け」を押すと入力できる。「×」ではないので間違えないようにしよう。

割り算は「/」を使う。キーボードの「め」にある。ここで「・」と入力されてしまう場合は、入力モードを「A」に変えよう。キーボードの「半角/全角」キーまたは Caps Lock 英数 キーを押して切り替えられる。このようなこともあるので、数式を入力するときは、入力モードを「A」にして入力するとよい。

四則演算の入力方法を覚えよう

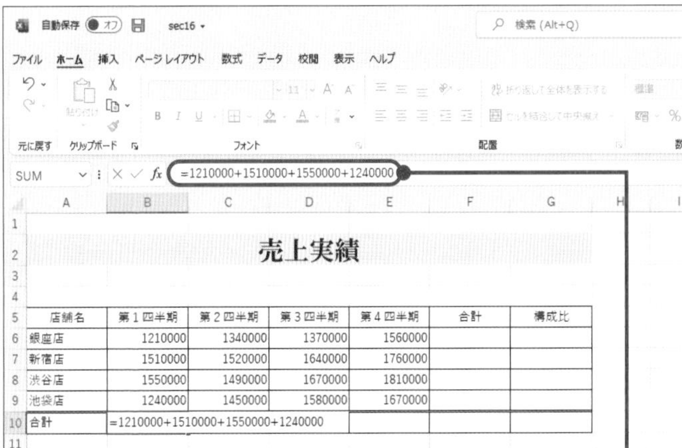

数式を始める合図として先頭に「=」を入力→数字を入力→「+」を入力→次の数字を入力…→最後に Enter キーを押す

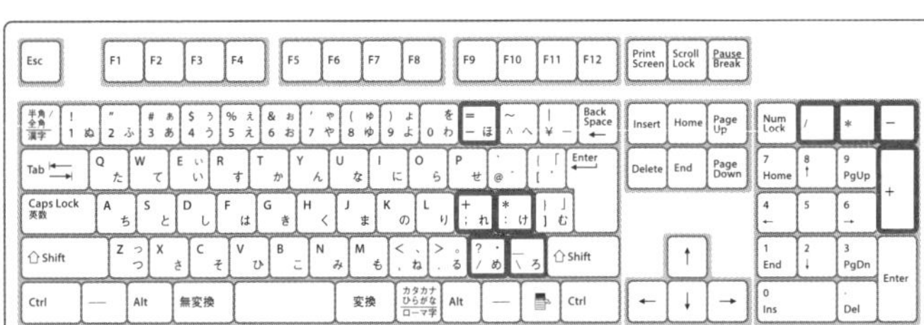

セルを参照して計算する

数字を使って数式を入力してみたが、その方法は電卓とあまり変わらない。桁数が多いと時間がかかりそうだし、もし間違えて違う数字を入力したら、入力し直さないといけない。そこで、エクセルでは、セルを使う計算方法がある。

では、実際にセルを使って第1四半期の合計額を求めてみよう。最初に、数式を始める合図の「=」を入力する。次に、数値が入力されているセルB6をクリックする。すると、クリックしたセルは青の太枠で囲まれ、「=」の後ろにはセル番地が青字で入力される。

続いて、「+」を入力し、セルB7をクリックする。今度はクリックしたセルが赤の太枠で囲まれ、「+」の後ろにセル番地が赤字で入力された。同様に他のセルも追加し、最後に Enter キーを押す。すると、先ほどの手入力した結果と同じになる。

このように、数値が入力されているセルを指定して、数式を立てることも可能なのだ。この数式のメリットは、**後から数値の変更があった場合、自動的に再計算してくれる**点だ。また、80ページから解説するが、数式をコピーするときにも効果を発揮する。

セルを使って計算ができる

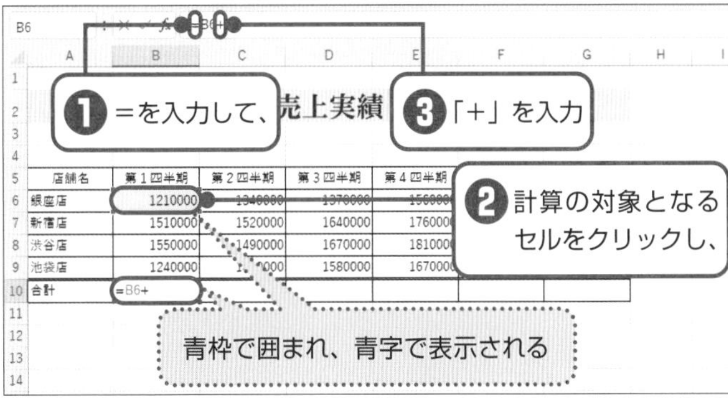
❶ =を入力して、
❷ 計算の対象となるセルをクリックし、
❸「+」を入力
青枠で囲まれ、青字で表示される

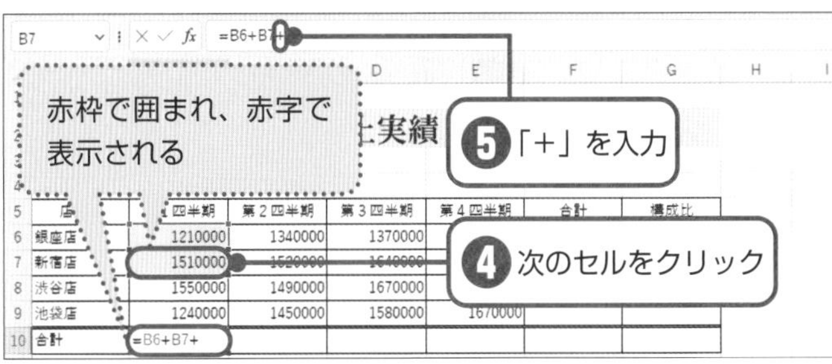
赤枠で囲まれ、赤字で表示される
❹ 次のセルをクリック
❺「+」を入力

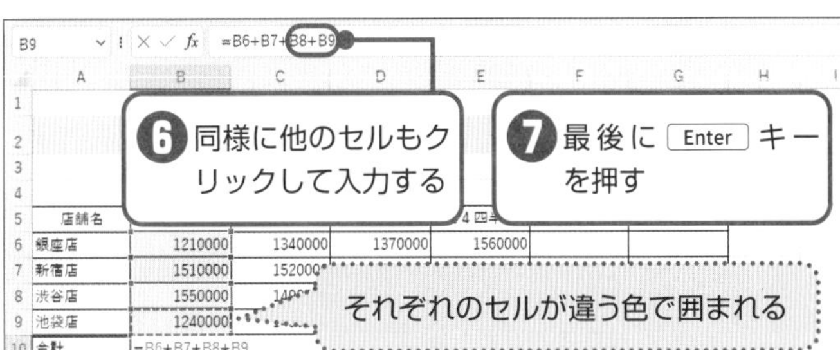
❻ 同様に他のセルもクリックして入力する
❼ 最後に Enter キーを押す
それぞれのセルが違う色で囲まれる

Section 17

関数のしくみを知ろう

関数って何？

セルを使う数式で、かんたんに計算結果を求められるのがわかっただろう。だが、ここで問題が出てくる。仮に、いくつものセルの合計を求める場合はどうするのだろう？　1つ1つのセルをクリックしていたら時間がかかってしまう。

そこで、「関数」（かんすう）という機能の出番だ。関数は、エクセルにあらかじめ用意されている数式の一種で、**複雑な計算式の結果をかんたんに出せる機能**だ。何十行にもわたる金額の合計も、関数を使えば一瞬で計算してくれる。

もちろん合計だけではない。たとえば、試験の平均点を出したいとき、「すべての点数を足して、人数で割って」なんてことをやらなくても、平均を求める関数を使うと一発で求められる。最高得点を調べることだってできる。

他にも、手動計算では難しい複雑な計算も可能になる。エクセルで数値の計算が必要なときに、関数を使わない手はないのだ。

関数は面倒な計算をかんたんにしてくれる魔法の数式

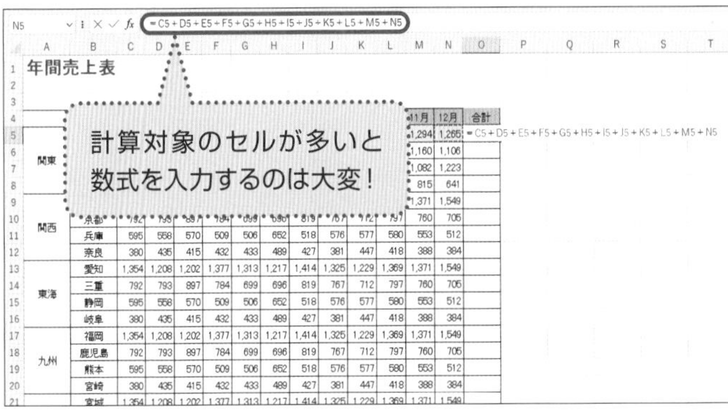

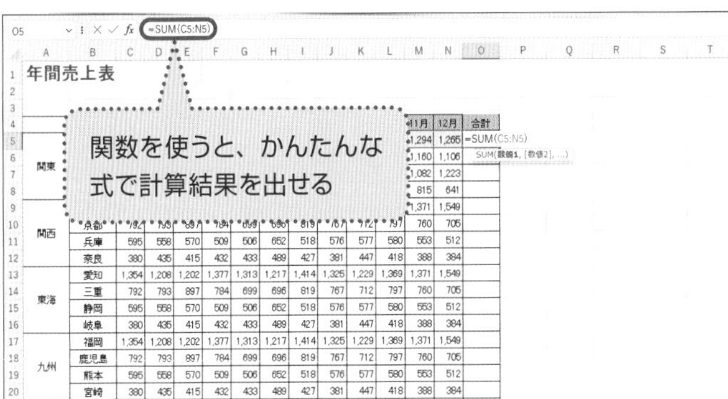

One Point

➔ 関数を使うと、数値の最大数や平均値もかんたんに求められる

関数のしくみ

　では、関数のしくみを説明しよう。それぞれの関数には、英字で名前がついている。合計を求める関数は、「ＳＵＭ」（サム）という名前だ。そして、関数も数式なので、先頭には「＝」を入力する。また、関数名の後ろには、関数が必要としている情報を「()」で囲んで入力する。その（）の中に入力する情報を、「引数（ひきすう）」といい、使用する関数によって入力する情報が異なり、引数が不要の関数もある。

ＳＵＭ関数の引数には、「どの数値の合計を求めるの？」という情報を入れる。たとえば、セルC9とセルC14のように、離れたセルの合計を求める場合は、「Ｃ9，Ｃ14」のように「，」（カンマ）で区切ってセルを指定する。

　一方、「セルＣ5からセルＣ8まで」のように連続したセルの合計を求める場合は、セルとセルの間に「どこからどこまで」という意味で「：」（コロン）を入れる。セルを使う数式では長くなるが、関数を使えばすっきりした数式になる。また、行を追加したとき、セルを使った数式では、追加したセルを加えるための修正が必要だが、ＳＵＭ関数なら修正なしで済む。

関数はこうなっている！

対象のセルを「,」で区切って指定する

= SUM(C9,C14)

＝で始める　関数名　引数

= SUM(C5:C8)

連続したセルの範囲は、始点のセルと終点のセルを「：」で区切って指定する

店舗名	第１四半期
銀座店	1,210,000
新宿店	1,510,000
渋谷店	1,550,000
池袋店	1,240,000
合計	=B5+B7+B8+B9

店舗名	第１四半期
銀座店	1,210,000
新宿店	1,510,000
渋谷店	1,550,000
池袋店	1,240,000
合計	=SUM(E5:E9)

行を追加したとき、セルを使う方は式を修正しないといけないが、SUM 関数は修正不要

関数の使い方

では、SUM関数を使って「銀座店」の合計金額を求めてみよう。まずは、セルF6をクリックする。ここでも「=」と入力したいが、「ホーム」タブの「編集グループ」に「オートSUM」ボタンがあるのでクリックしよう。すると、自動的に「=」と「SUM」が入力された。SUM関数はよく使われるためボタンが用意されているのだ。

さらに、合計を求めるセル範囲が点滅し、「SUM」の後ろの「( )」の中に自動的にセル範囲が入力された。もう一度「オートSUM」ボタンをクリックすると、合計金額が表示される。

このように、途中に空白のセルがない場合は、「=」も「SUM」も「セル範囲」も手入力せずに、オートSUMボタンを2回クリックするだけで合計を求められるのだ。

では、空白のセルがあった場合はどうだろうか。その場合は、空白のセルの次のセルからが自動選択されるので「オートSUM」ボタンをクリックした後に、ドラッグで範囲を選択する必要がある。ちなみに、**離れた部分のセルの合計を求める場合は、キーボードの Ctrl キーを押しながらセルをクリックする**。

SUM関数はボタンを2回クリックすればOK

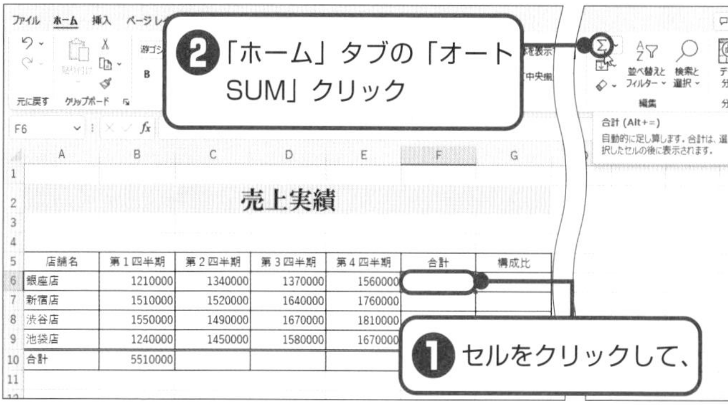

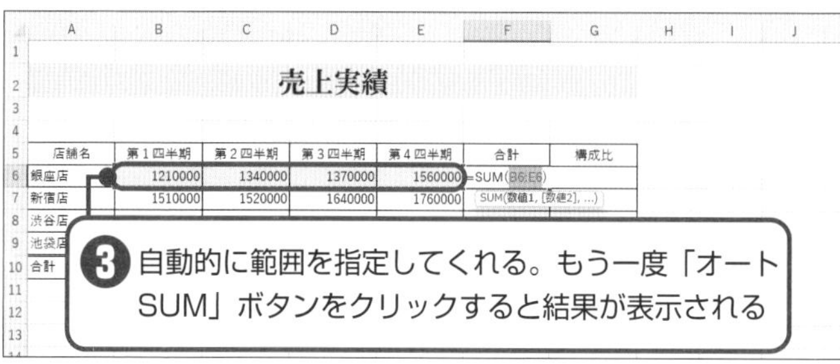

❸自動的に範囲を指定してくれる。もう一度「オートSUM」ボタンをクリックすると結果が表示される
=SUM(B6:E6)
❹空白のセルがある場合や別の範囲にしたい場合は、ドラッグして範囲を修正する
SUM(数値1, [数値2], ...)

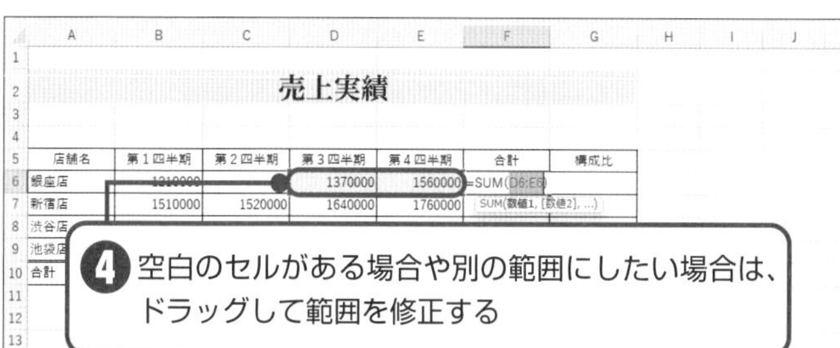

Section 18

数式や関数をコピーしよう

数式や関数はコピーできる

数式や関数の使い方がわかってきたところだろうが、さらに工夫をすると表作成がもっと楽になるので紹介しよう。

左ページの表では、「第1四半期」の売上合計額、「銀座店」の年間合計額が入っている。次に、「第2四半期」や「新宿店」の合計を求めなくてはいけない。

そのようなときに、効率的な方法がある。実は、文字や数値と同じく、数式や関数もコピーができるのだ。

ということは、セルB10の足し算の数式を、右にある「第2四半期」以降にコピーすればよいことになる。また、セルF6のSUM関数を使った数式を、下の「新宿店」以降にコピーすればよいということだ。

コピーするといっても、コピーと貼り付けの操作をする必要はない。ここでも、34ページで説明したオートフィルが使えるのだ。

文字と同じく数式もコピーできる

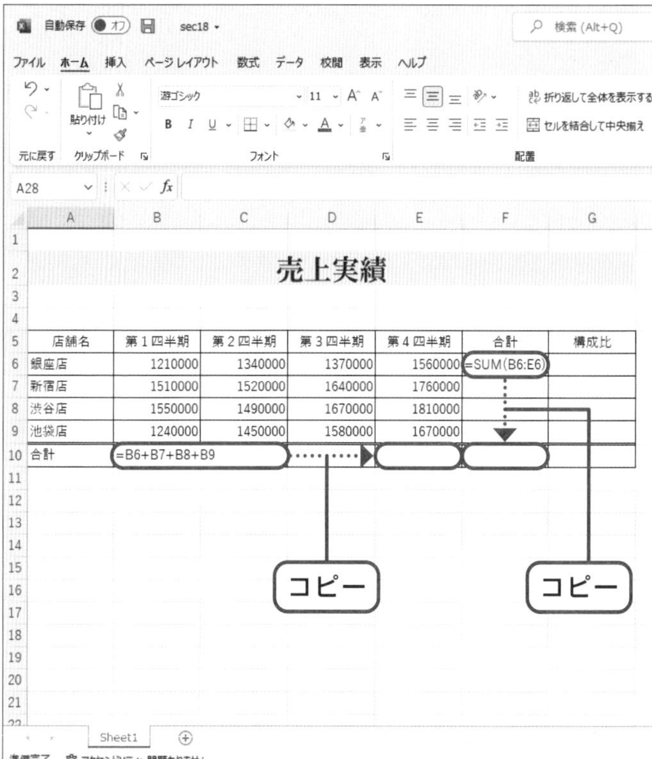

数式をコピーする

それでは、数式をコピーしてみよう。まず、第2四半期、第3四半期、第4四半期の合計にコピーする。第1四半期の合計のセルB10をクリックし、数式バーで数式が入っていることを確認しておこう。この数式をセルC10からセルE10にコピーしたい。

では、セルB10のフィルハンドルにマウスポインタを置き、「＋」の形で右方向に、第4四半期までドラッグしよう。

すると、あっという間に数式が入力された。試しに、銀座店の「第4四半期」の金額を「0」に変更してみよう。すると、自動的に合計金額が変更される。コピーした数式でも、数値が変更されると、自動的に再計算してくれるのがわかる。確認したら、左上の「元に戻す」ボタンをクリックして戻しておく。

なお、セルを使わずに、数値を使った数式の場合は、正しくコピーすることができない。「121000＋151000＋・・・」の数式をコピーするため、コピーしたセルにも「121000＋151000＋・・・」がコピーされるだけで、隣の列の合計額にはならない。**セルを使った数式だからこそ、コピーが使える**のだ。

数式もオートフィルでコピーできる

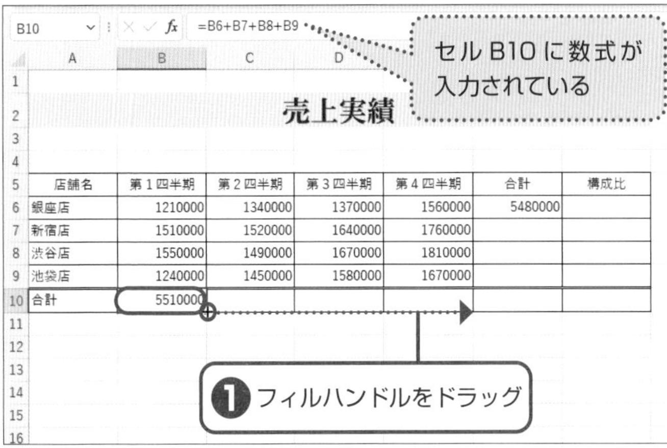
セル B10 に数式が入力されている
=B6+B7+B8+B9
売上実績
❶フィルハンドルをドラッグ

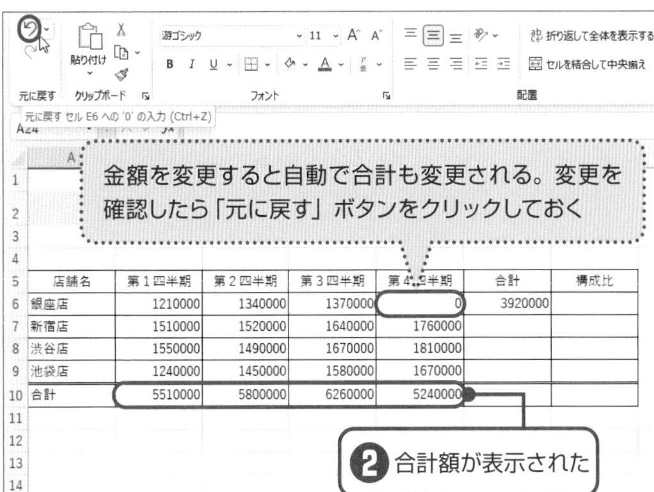
元に戻す セル E6 への '0' の入力 (Ctrl+Z)
金額を変更すると自動で合計も変更される。変更を確認したら「元に戻す」ボタンをクリックしておく
❷合計額が表示された

●関数をコピーする

関数も同様にコピーができるのでやってみよう。セルF6には、SUM関数が入力されていて、銀座店の売上額の合計が表示されている。念のため、セルF6をクリックして数式バーを見てみよう。関数が入力されているのを確認できる。

確認したら数式をコピーする。その際、フィルハンドルを最終行までドラッグすればよいのだが、縦に長い表の場合、ドラッグが行き過ぎてしまうこともある。そこで、フィルハンドルをダブルクリックしてみよう。すると、左の列の最終行までを一瞬でコピーできる。ドラッグするよりだいぶ速いのでおすすめだ。ただし、このダブルクリックのコピーは、縦方向のみで横方向にはできない。

いかがだろうか。1つ1つのセルに「オートSUM」ボタンをクリックしていくより、オートフィルを使えばあっという間だということに気づいてもらえただろう。

なお、ここでの操作で、池袋店の下にある二重線が実線になってしまった。このようなことが起きた場合は、オートフィルを行った後に表示される「オートフィルオプション」ボタンをクリックし、「書式なし（フィル）」をクリックする。そうすれば、元の書式はそのまま残る。

縦方向のコピーはフィルハンドルをダブルクリックする

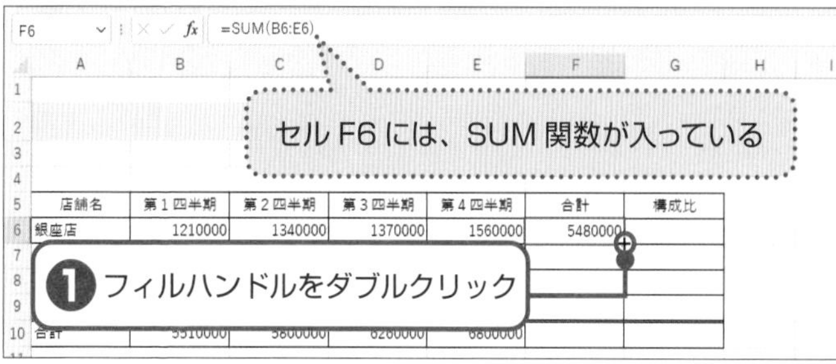
=SUM(B6:E6)
セル F6 には、SUM 関数が入っている
❶ フィルハンドルをダブルクリック

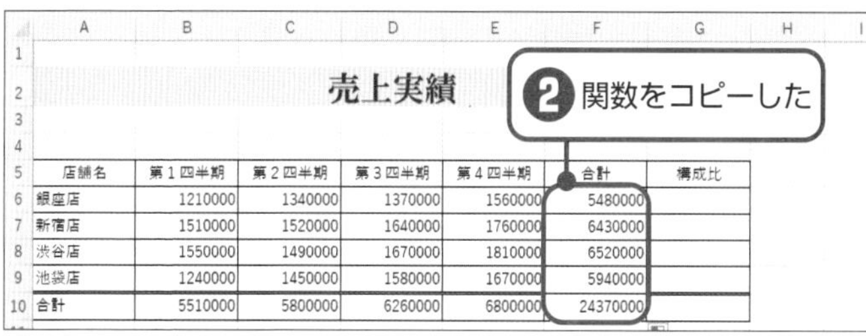
売上実績
❷ 関数をコピーした

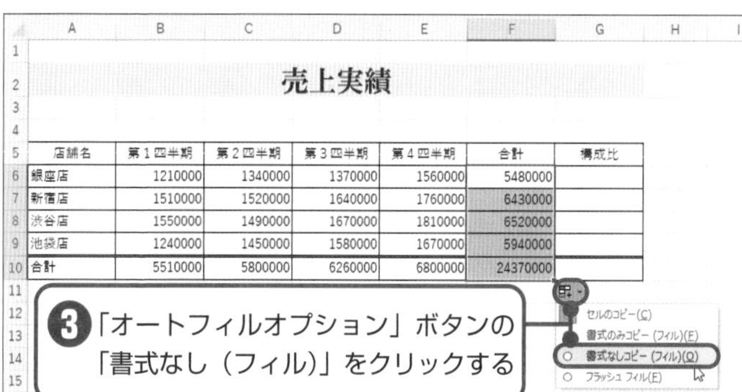
売上実績
❸「オートフィルオプション」ボタンの「書式なし（フィル）」をクリックする
セルのコピー(C)
書式のみコピー (フィル)(F)
書式なしコピー (フィル)(O)
フラッシュ フィル(F)

Section 19

相対参照ってなに？

なぜ数式や関数のコピーがうまくいくのか？

80ページで、数式と関数をコピーできることを説明した。だが、よく考えてみよう。なぜ、数式と関数をコピーできたのだろうか？通常、コピーというと、コピー元のデータを複写することだ。コピー元のセルに入力されているデータをそのままコピーするのだから、「銀座店」と「新宿店」の合計金額が同じにならないのはおかしくないだろうか？

そこで、もう一度見てみよう。セルF6をクリックし、数式バーを見ると、セルB6からセルE6までを合計する「＝ＳＵＭ（B6：E6）」の式が入力されている。次に、セルF7をクリックすると、「＝ＳＵＭ（B7：E7）」と入力されている。コピーしたのだが、「B6」が「B7」、「E6」が「E7」と、自動的に変更されていた。

これは、「相対参照」という参照形式によるもので、**数式をコピーすると、計算対象のセルが自動的に変動するしくみになっている**からだ。

セル番地が自動的に動いている！

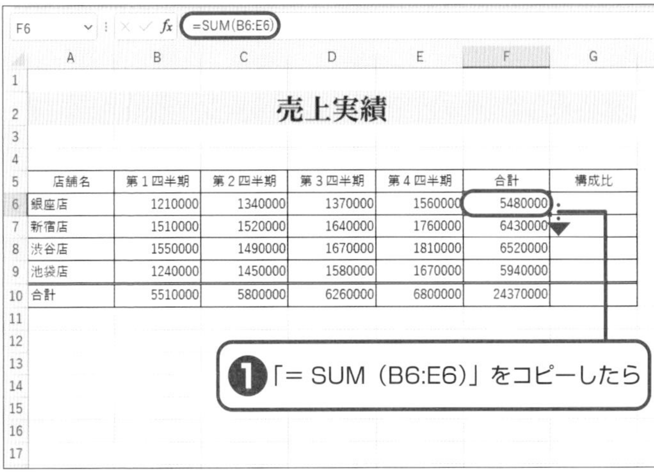

F6 =SUM(B6:E6)

	A	B	C	D	E	F	G
2	売上実績						
5	店舗名	第1四半期	第2四半期	第3四半期	第4四半期	合計	構成比
6	銀座店	1210000	1340000	1370000	1560000	5480000	
7	新宿店	1510000	1520000	1640000	1760000	6430000	
8	渋谷店	1550000	1490000	1670000	1810000	6520000	
9	池袋店	1240000	1450000	1580000	1670000	5940000	
10	合計	5510000	5800000	6260000	6800000	24370000	

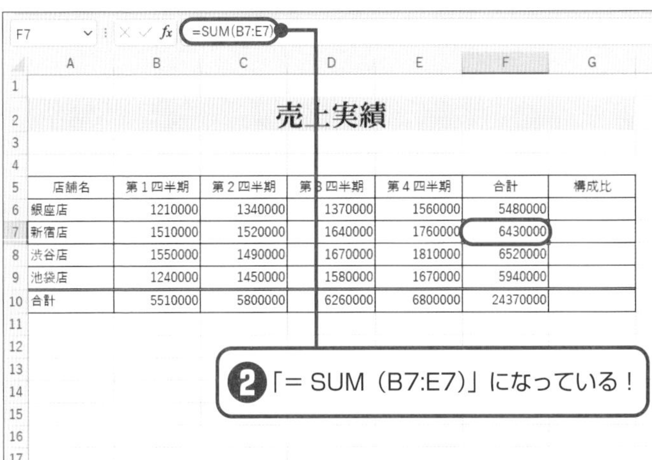

F7 =SUM(B7:E7)

	A	B	C	D	E	F	G
2	売上実績						
5	店舗名	第1四半期	第2四半期	第3四半期	第4四半期	合計	構成比
6	銀座店	1210000	1340000	1370000	1560000	5480000	
7	新宿店	1510000	1520000	1640000	1760000	6430000	
8	渋谷店	1550000	1490000	1670000	1810000	6520000	
9	池袋店	1240000	1450000	1580000	1670000	5940000	
10	合計	5510000	5800000	6260000	6800000	24370000	

相対参照のしくみ

「相対参照」という難しい用語が出てきたが、少しわかりづらく、エクセルを始めた人がつまずきやすい部分なので、もう少し詳しく説明しよう。左ページでは、セルE4に、金額×数量の数式の「＝C4＊D4」を入力し、セルE5にコピーした。

このセルE4とセルE5の共通点は何だろう？表示されている金額は違うし、数式も、セルE4は「＝C4＊D4」、セルE5は「＝C5＊D5」なので異なっている。

では、何が同じなのだろう？ 再度セルE4の数式「＝C4＊D4」を見て考えてみよう。セルC4は、セルE4から見て、左に2つのセルだ。セルD4は、セルE4から見て左に1つのセルだ。ということは、セルE4の式は、「左に2つのセルと左に1つのセルを掛ける」という意味でもある。

次に、セルE4の数式をコピーしたセルE5の数式を見てみよう。「＝C5＊D5」なので、セルE5から見て左に2つのセルと左に1つのセルを掛けている。

これらの共通点は、「左に2つのセルと左に1つのセルを掛ける」部分だ。つまり、相対参照は式のセルから見た位置を使うため、数式をコピーすると位置関係がそのままコピーされる。それで正しい結果が出るしくみになっているのだ。

実は位置関係をコピーしていた

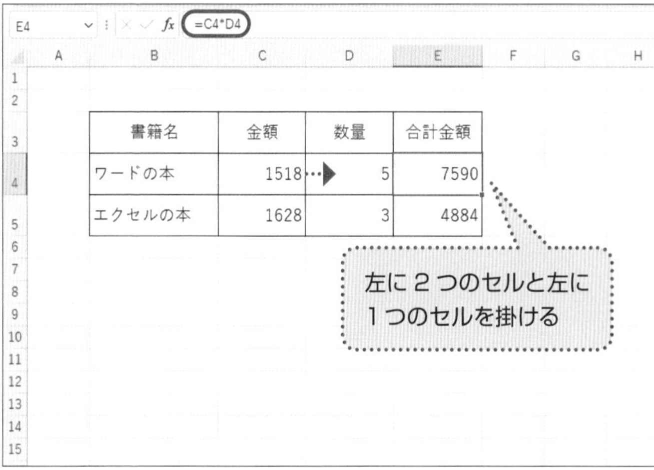

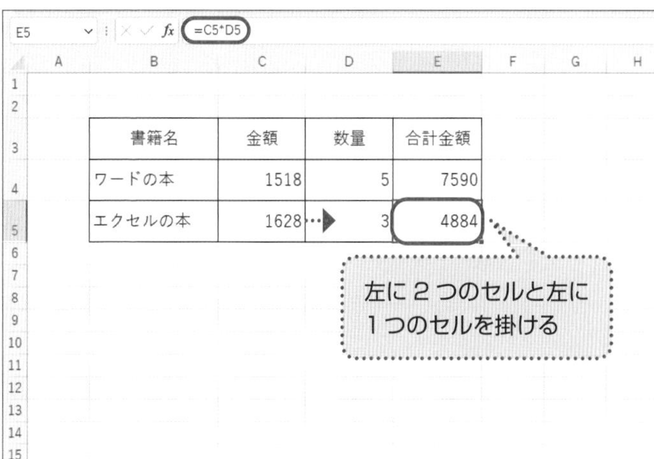

Section 20

数式をコピーしたらエラーが出た

数式のコピーができない!?

作成している表に「構成比」という表見出しがあるが、店舗別売上表で構成比を使うと、全店舗の売上に対して各店舗の売上がどのくらいなのかがひと目でわかる。

では、銀座店の売上構成比を求めてみよう。銀座店の売上金額を全店舗の売上金額で割ればよいので、セルG6に「=」と入力した後、銀座店の合計のセルF6をクリックする。割り算なので「/」を入力し、全店舗の売上金額が入っているセルF10をクリックする。そして、Enterキーを押す。

すると、「0.22486…」と表示された。これは全体を「1」とした数値なので、122ページで「%」表示に変更してわかりやすくする。

次は、他の店舗の売上構成比を求めるので、数式をコピーしよう。もう慣れてきたと思うが、オートフィルを使ってかんたんにコピーできるだろう。

ところが、今度は表示がおかしい。数値ではなく「#DIV/0!」となっている!

数式をコピーしたが
おかしな文字が表示された！

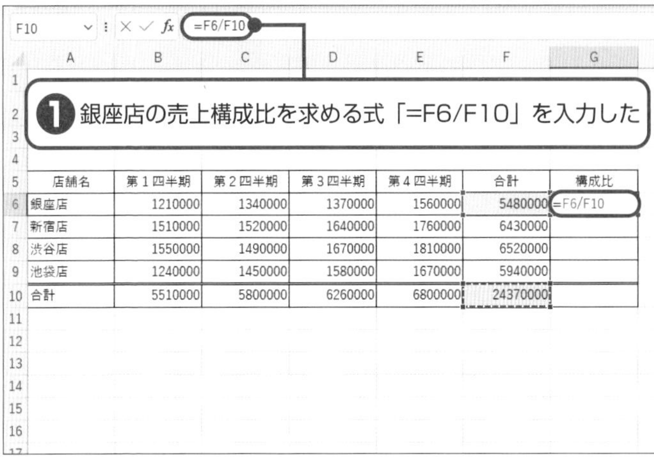
F10
=F6/F10
❶銀座店の売上構成比を求める式「=F6/F10」を入力した

店舗名	第１四半期	第２四半期	第３四半期	第４四半期	合計	構成比
銀座店	1210000	1340000	1370000	1560000	5480000	=F6/F10
新宿店	1510000	1520000	1640000	1760000	6430000	
渋谷店	1550000	1490000	1670000	1810000	6520000	
池袋店	1240000	1450000	1580000	1670000	5940000	
合計	5510000	5800000	6260000	6800000	24370000	

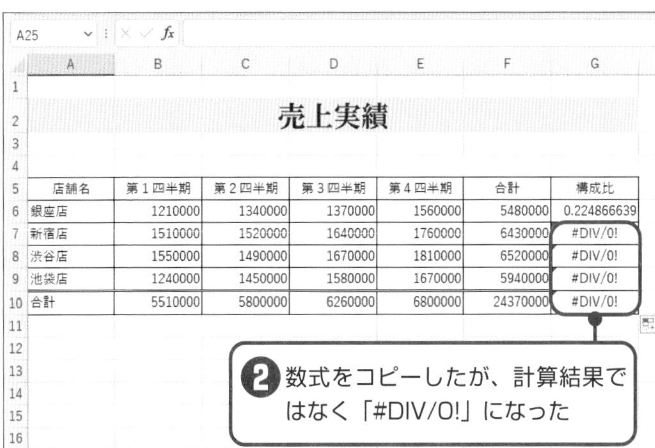
A25
売上実績
❷数式をコピーしたが、計算結果ではなく「#DIV/0!」になった

店舗名	第１四半期	第２四半期	第３四半期	第４四半期	合計	構成比
銀座店	1210000	1340000	1370000	1560000	5480000	0.224866639
新宿店	1510000	1520000	1640000	1760000	6430000	#DIV/0!
渋谷店	1550000	1490000	1670000	1810000	6520000	#DIV/0!
池袋店	1240000	1450000	1580000	1670000	5940000	#DIV/0!
合計	5510000	5800000	6260000	6800000	24370000	#DIV/0!

●エラーの意味は何？

売上構成比を求めるはずが、「＃DIV/0!」という見たことのない文字が表示された。このおかしな文字だが、実はエラーの表示だ。エクセルでは、数式や入力データに問題があると、エラーが表示されるようになっている。

表示された「＃DIV/0!」は、「divided by zero」という意味で、**0で割り算したときや空白のセルで割ったときに表示されるエラー**だ。

それにしても、0で割った覚えがないのに、なぜこのエラーが出たのだろう？念のため、コピーした数式がどのようになっているのか、セルG7の数式を確認してみよう。その際、セルをクリックして、数式バーで確認してもよいが、ここではダブルクリックする。

すると、セルの中に数式が表示される。そして、計算対象のセルが青色と赤色で囲まれ、どのセルを計算対象としているかが一目でわかるようになっている。

数式は、「=F7/F11」となっており、赤枠のセルF11は、空白のセルだ。なるほど、これでは「＃DIV/0!」と表示されるわけだ。

数式に空白のセルが入っている

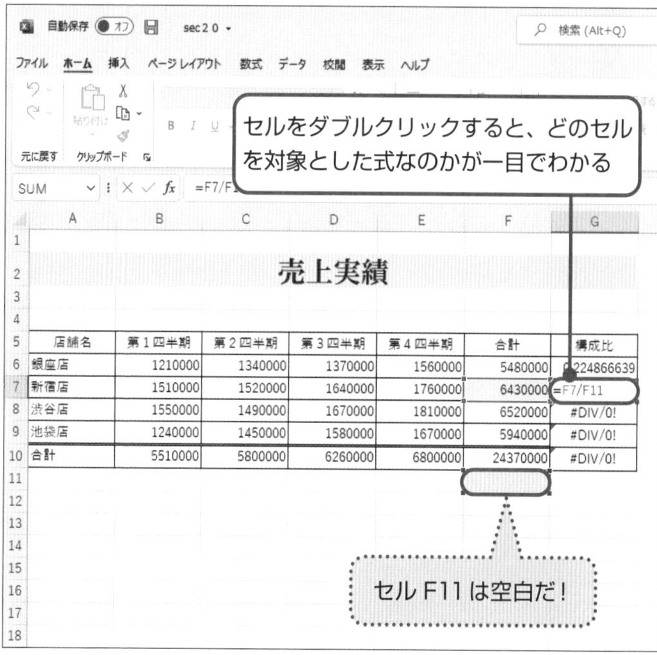

よくあるエラー

#N/A	参照する値が見付からないときに表示される
#NULL!	セル範囲が間違っている場合に表示される
#NAME?	数式名に入力ミスがあったときに表示される
#VALUE!	異なるデータ型が使われている時に表示される

Section 21

エラーが出ないようにコピーしよう

エラーの原因は何？

売上構成比の数式をコピーしてエラーが出たのは、いったいどうしてなのだろう？86ページで、数式をコピーすると位置関係がコピーされると説明したが、ここでの場合の位置関係を見てみよう。セルG6には「＝F6／F10」、つまり、「左に1つのセル÷左に1つで上から5番目のセル」という数式が入力されている。

次に、セルG7の式を見てみよう。「左に1つのセル÷左に1つで上から5番目のセル」となっている。確かに位置関係をコピーしている。だが、よく見てみよう。「左に1つで上から5番目のセル」はセルF11だ。空白のセルを指定している。これでは正しい結果が出るわけがない。

相対参照は、数式をコピーすると位置関係がコピーされるので、計算対象のセルがずれてしまうのだ。

では、どうすれば計算対象のセルがずれないのだろう？

どうやら自動的にセルが変動してしまったことが原因

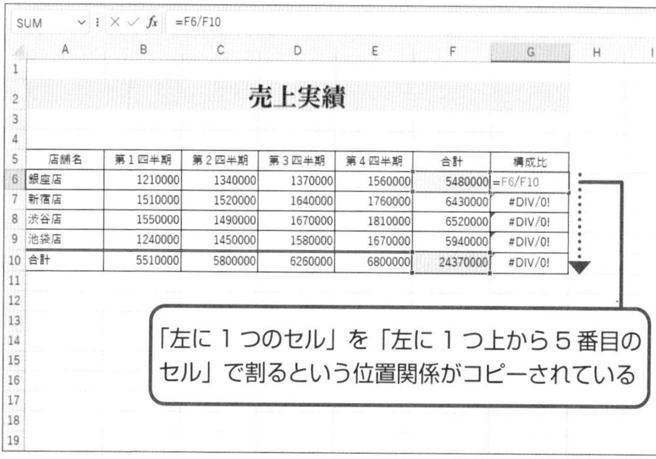
SUM
=F6/F10
売上実績
「左に 1 つのセル」を「左に 1 つ上から 5 番目のセル」で割るという位置関係がコピーされている

店舗名	第 1 四半期	第 2 四半期	第 3 四半期	第 4 四半期	合計	構成比
銀座店	1210000	1340000	1370000	1560000	5480000	=F6/F10
新宿店	1510000	1520000	1640000	1760000	6430000	#DIV/0!
渋谷店	1550000	1490000	1670000	1810000	6520000	#DIV/0!
池袋店	1240000	1450000	1580000	1670000	5940000	#DIV/0!
合計	5510000	5800000	6260000	6800000	24370000	#DIV/0!

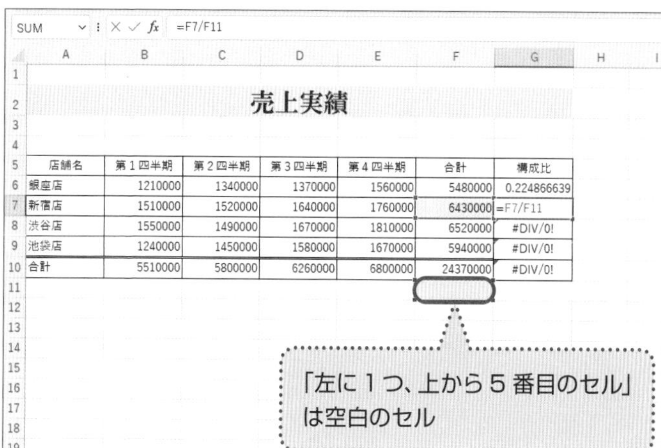
SUM
=F7/F11
売上実績
「左に 1 つ、上から 5 番目のセル」は空白のセル

店舗名	第 1 四半期	第 2 四半期	第 3 四半期	第 4 四半期	合計	構成比
銀座店	1210000	1340000	1370000	1560000	5480000	0.224866639
新宿店	1510000	1520000	1640000	1760000	6430000	=F7/F11
渋谷店	1550000	1490000	1670000	1810000	6520000	#DIV/0!
池袋店	1240000	1450000	1580000	1670000	5940000	#DIV/0!
合計	5510000	5800000	6260000	6800000	24370000	#DIV/0!

エラーが起きないようにするには

数式のコピーがうまくいかないときがあるのは困る。特に、入力データが多い表でエラーが生じると、原因を突き止めるのに時間がかかってしまい、仕事に支障をきたす。そこで、数式をコピーしても、ずれないようにする方法があるので紹介しよう。

数式をコピーしたセルは、セルG7からセルG10だ。それぞれのセルの数式を見ると、セルG7は「=F7／F11」、セルG8は「=F8／F12」、セルG9は「=F9／F13」、「=F10／F14」となっている。分子がそれぞれ「その店舗の合計」になっているのは合っている。問題は分母に当たるセルだ。どれも全体の合計額で割りたいので、本当ならセルF10でないといけない。

ということは、コピーする際にセルF10が動かないようにすればよかったのではないだろうか？

そこで、「絶対参照」が出てくる。コピーしたときに計算対象のセルが変動する「相対参照」に対し、**計算対象のセルが変動しないようにするのが「絶対参照」**だ。この絶対参照を使うことで、分母にあたるセルF10がずれないようにできる。どうやってずれないようにするかは、このあと説明しよう。

分母を固定させてコピーできる？

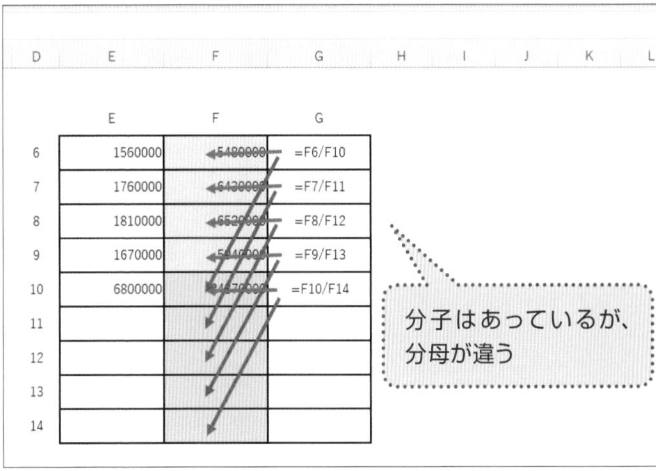

D E F G H I J K L
E F G
6 1560000 =F6/F10
7 1760000 =F7/F11
8 1810000 =F8/F12
9 1670000 =F9/F13
10 6800000 =F10/F14
11
12
13
14
分子はあっているが、
分母が違う

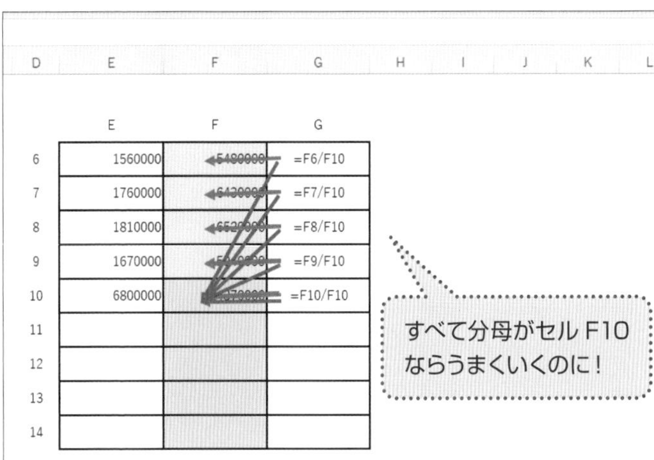

すべて分母がセル F10
ならうまくいくのに！

●絶対参照のしくみ

「絶対参照」がどのようになっているのか、しくみを説明しよう。計算対象のセルが動かないようにするためには、どこかのボタンをクリックしたり、右クリックしたりなどはしない。**「$」の記号を入力することで固定することができる。**

たとえば、セルＦ10を固定させるには、まずＦ列を固定するために「Ｆ」の前に「$」を入れる。そして、10行目を固定させるために「10」の前にも「$」を入れる。すると「$Ｆ$10」となる。これが絶対参照だ。「$」でピン留めするようなイメージで覚えよう。

この「$Ｆ$10」を数式で使うと、その数式をどこにコピーしても、セル10が式の中で使われる。計算対象のセルを固定させるというのはそういうことだ。

ちなみに、「Ｆ$10」（行だけ固定）、「$Ｆ10」（列だけ固定）といった「複合参照」というのもある。今回の場合、行だけ固定すれば正しい結果が出るので、「Ｆ$10」でもかまわない。だが、他の場所にコピーしたときに困らないように、行列を固定する「絶対参照」にしておく。

「$」でピン留めするようにセルを固定できる

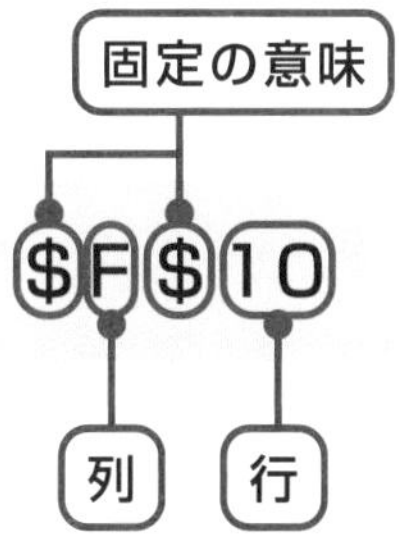

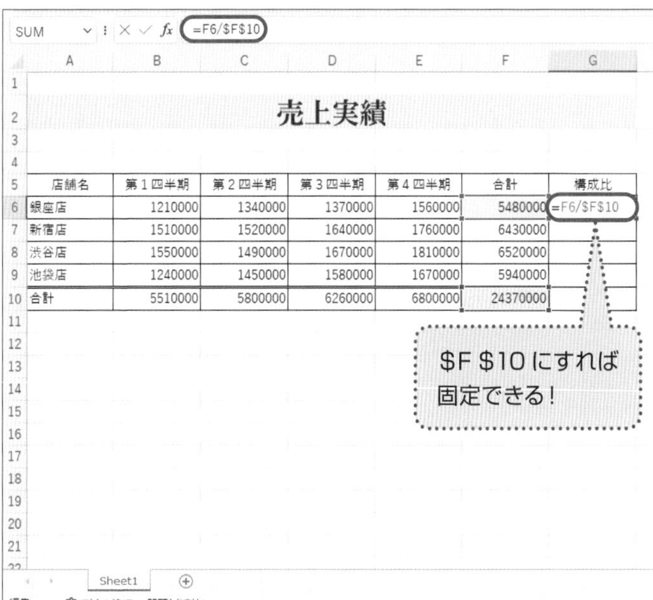

売上実績

店舗名	第１四半期	第２四半期	第３四半期	第４四半期	合計	構成比
銀座店	1210000	1340000	1370000	1560000	5480000	=F6/$F$10
新宿店	1510000	1520000	1640000	1760000	6430000	
渋谷店	1550000	1490000	1670000	1810000	6520000	
池袋店	1240000	1450000	1580000	1670000	5940000	
合計	5510000	5800000	6260000	6800000	24370000	

絶対参照の使い方

それでは、銀座店の構成比をDeleteキーで削除して、やり直そう。セルG6に「＝F6/」と入力した後、全店舗の金額が入っているセルF10をクリックする。ここで、「$」を入力するのだが、たとえば「＝$A$1＋$B$2」のような式の場合、何度もShiftと4キーを押して「$」を入力するのは面倒だ。

そこで、セルF10をクリックした直後に、**キーボードのF4キーを押してみよう**。すると、「$F$10」と、自動で「$」が入る。「$」を入力するより断然速い。

ただし、F4キーを押すたびに「F$10」「$F10」と変わるので、ここでは列と行を固定するように「$F$10」にしよう。「＝F6/$F$10」であることを確認したら、Enterキーを押す。

では、セルG6の「＝F6/$F$10」の数式を、他の店舗にオートフィルでコピーしよう。今度はエラーが出ることはなく、正しく計算結果が表示されるだろう。

「相対参照」と「絶対参照」は言葉が難しいため、高度な機能のように思われがちだが、一度整理すれば難しくない。「絶対にセルを動かしたくないので絶対参照」と記憶しておけば、おそらく用語も忘れないだろう。

F4 キーを使えばかんたんに絶対参照にできる

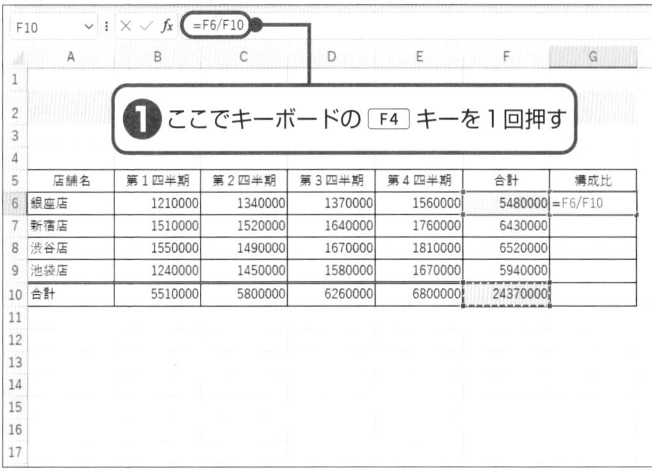
F10
=F6/F10
❶ここでキーボードの F4 キーを1回押す

	店舗名	第1四半期	第2四半期	第3四半期	第4四半期	合計	構成比
6	銀座店	1210000	1340000	1370000	1560000	5480000	=F6/F10
7	新宿店	1510000	1520000	1640000	1760000	6430000	
8	渋谷店	1550000	1490000	1670000	1810000	6520000	
9	池袋店	1240000	1450000	1580000	1670000	5940000	
10	合計	5510000	5800000	6260000	6800000	24370000	

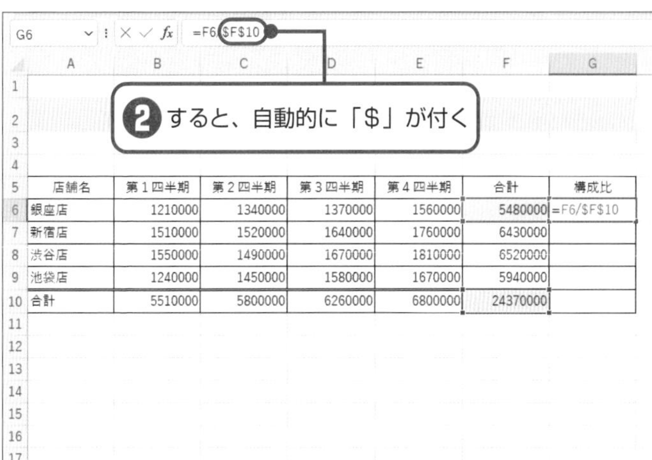
G6
=F6/$F$10
❷すると、自動的に「$」が付く

	店舗名	第1四半期	第2四半期	第3四半期	第4四半期	合計	構成比
6	銀座店	1210000	1340000	1370000	1560000	5480000	=F6/$F$10
7	新宿店	1510000	1520000	1640000	1760000	6430000	
8	渋谷店	1550000	1490000	1670000	1810000	6520000	
9	池袋店	1240000	1450000	1580000	1670000	5940000	
10	合計	5510000	5800000	6260000	6800000	24370000	

Column

いろいろな関数

本書ではSUM関数を紹介したが、エクセルにはさまざまな関数がある。「ホーム」タブの「オートSUM」ボタンの「v」をクリックすると、よく使われる関数を選べるようになっている。また、数式バーの左にある「fx」ボタンをクリックすると、目的の関数を探すことができる。VLOOKUP関数やIF関数は、便利な関数として有名なので、基本操作に慣れてきたらチャンレジするとよいだろう。

関数名	意味	例
AVERAGE（アベレージ）	平均値を求める	=AVERAGE(A1:10)
MAX（マックス）	最大値を求める	=MAX(A1:10)
MIN（ミニマム）	最小値を求める	=MIN(A1:10)
COUNT（カウント）	数値または文字列が入力されているセルの個数を求める	=COUNT (A1:10)
IF（イフ）	指定した条件の値を求める	=IF(A1=1,"○","×")
VLOOKUP（ヴイルックアップ）	表を縦方向に検索し、指定した条件の値を表示する	=VLOOKUP(H3,"商品一覧表",4,FALSE)

Chapter

4

グラフを作成しよう

Section 22

エクセルではかんたんにグラフを作成できる

作成した表を元にグラフを作成する

表を作成することで、データが整理され、数値を読みやすくなる。だが、資料やプレゼンなどで見せる場合はどうだろう？　ひと目で把握してもらえるだろうか？　値の大小や割合などを、誰でも瞬時に把握できるようにするには、グラフが効果的だ。グラフなら、文字よりビジュアルで表現するので誰にでもわかりやすい。

とはいえ、絵を描くのと同じように、いちからグラフを描くのは大変そうに思うだろう。心配無用だ。**エクセルでは、元になる表があれば一瞬で作成することができる。**

また、エクセルで作れるグラフの種類にはいろいろあり、棒グラフや折れ線グラフはもちろん、散布図やレーダーチャートといった特殊なグラフも作れる。棒グラフと折れ線グラフを組み合わせた複合グラフも可能だ。

どのグラフを使うかは、表データによる。たとえば、数値の大小を見せる場合は棒グラフ、数値の推移を見せる場合は折れ線グラフなど、正しい選択が必要だ。

作成できる主なグラフ

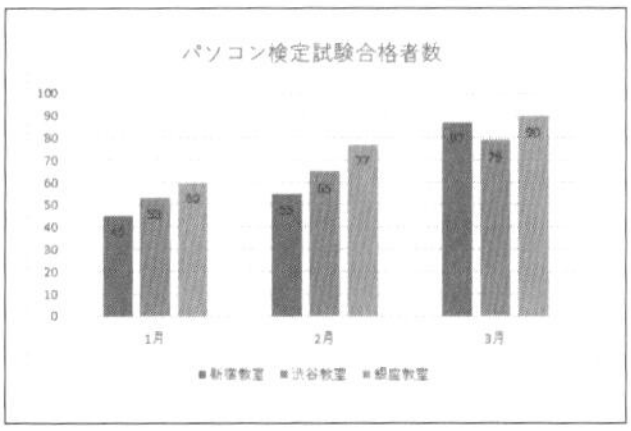

棒グラフ
値の大小の比較や
推移を表せる

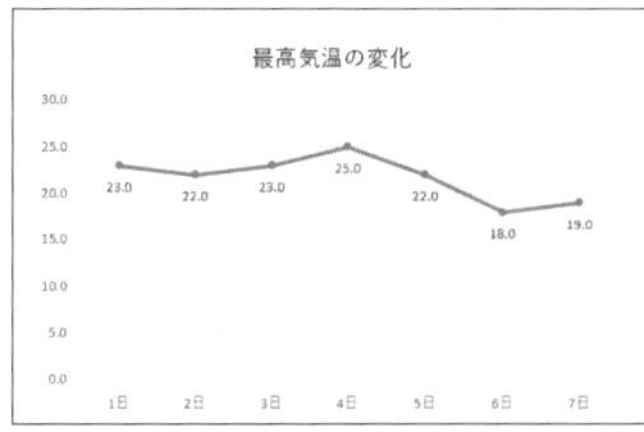

折れ線グラフ
時間の流れに沿って値の
推移を表せる

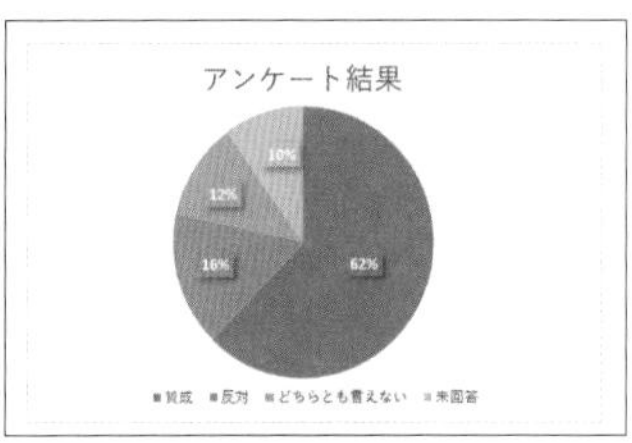

円グラフ
項目ごとの割合を
表せる

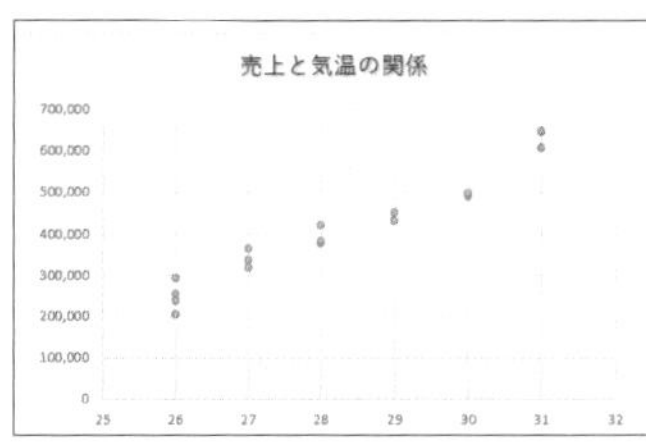

散布図
データ間の関連性を
表せる

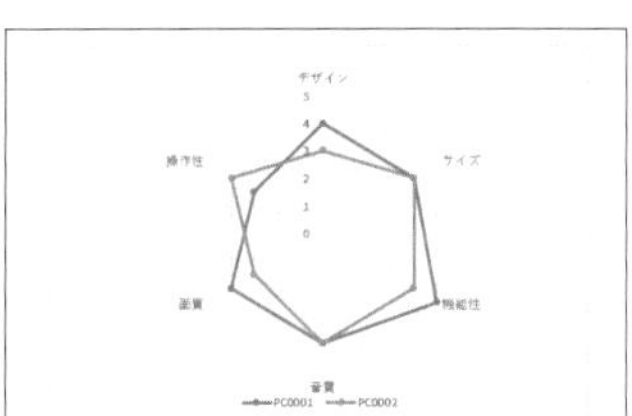

レーダーチャート
項目の総合バランスを
表せる

Section 23

表からグラフを作成しよう

グラフを挿入する

それでは、売上実績表を元にグラフを作成してみよう。まず、どの部分をグラフにするのか、範囲を選択するところから始める。ここでは、店舗別の売上グラフを作成したいので、「セルA5」から「セルE9」をドラッグで選択する。表見出しもグラフの項目名として使うので忘れずに選択してほしい。

選択したら、**「挿入」タブの「グラフ」グループ**を見てみよう。いろいろなグラフのボタンがある。今回は「縦棒／横棒グラフの挿入」ボタン（棒グラフの絵のボタン）をクリックする。さらに種類を選べるが、ここでは一般的な棒グラフにするので、「2-D 縦棒」の左端の「集合縦棒」をクリックする。

すると、一瞬でグラフを作成できた。グラフを見ると、「第4四半期」の「渋谷店」の売上が一番多いことがわかるだろう。このように、グラフには瞬時にデータの比較ができるというメリットがある。

表さえあれば一瞬でグラフを作れる

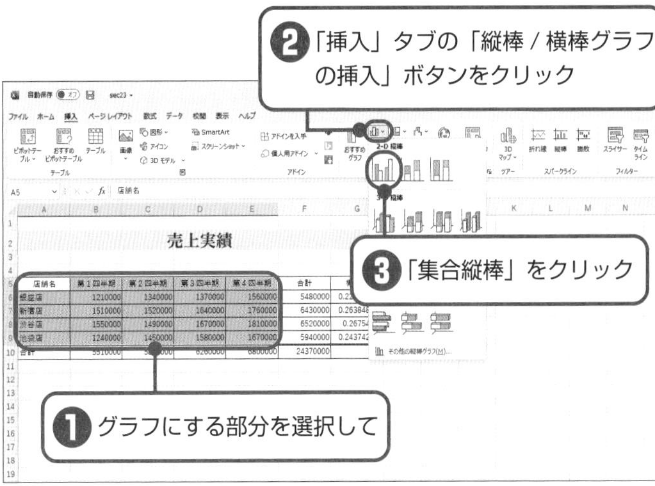

❷「挿入」タブの「縦棒 / 横棒グラフの挿入」ボタンをクリック
売上実績
❸「集合縦棒」をクリック
❶グラフにする部分を選択して

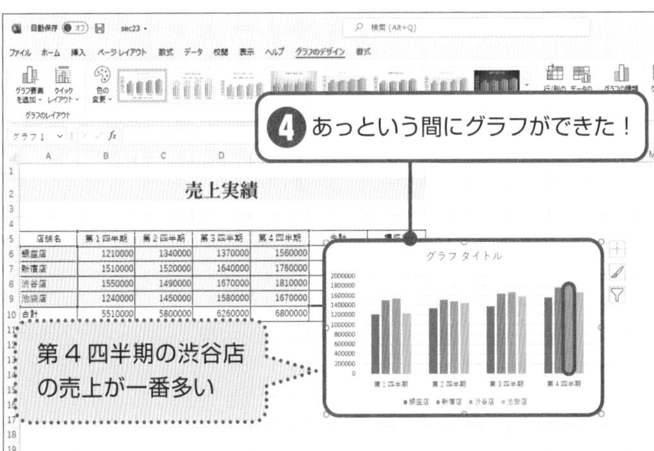

売上実績
❹あっという間にグラフができた！
グラフ タイトル
第４四半期の渋谷店の売上が一番多い

●グラフの位置やサイズを変える

作成したグラフは、ドラッグ操作で好きな位置に移動できるのだが、やみくもにドラッグすると、タイトルなどを動かしてしまうので注意が必要だ。そこで確実に操作するためのコツがあるので説明しよう。

まず、グラフの外枠の少し内側にマウスポインタを置く。すると、マウスポインタが四方向の矢印の形になり、「グラフエリア」とポップヒントが表示される。「グラフエリア」とは、グラフ全体の領域のことだ。この「グラフエリア」と表示されたときに、マウスの左ボタンを押して、ドラッグする。では、グラフを表の下に移動しよう。

次に、グラフのサイズを変更する。「グラフエリア」をクリックしてグラフ全体を選択していると、外枠に「ハンドル」という小さな○が表示される。この○の上にマウスポインタを置くと、二方向の矢印の形になり、外側にドラッグすると、グラフが大きくなる。グラフを小さくしたい場合は、内側にドラッグすればよい。

先ほどポップヒントでグラフエリアを確認したが、他の部分もポイントすると表示される。少しずれると別の部分を選択してしまうので、**慣れるまではポップヒントを目印にして操作してほしい**。

グラフの位置やサイズはドラッグで自由自在に変えられる

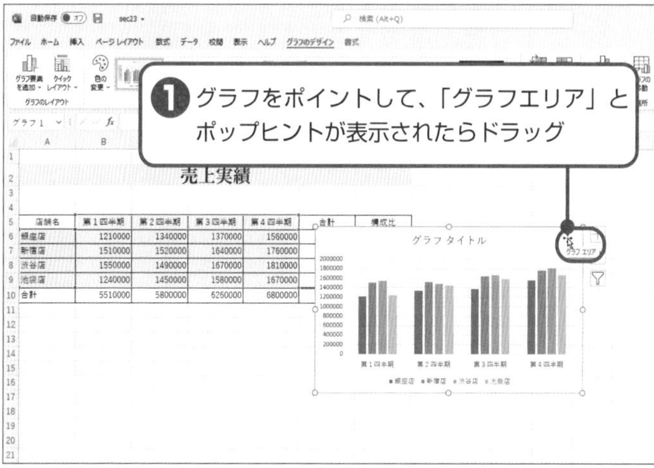

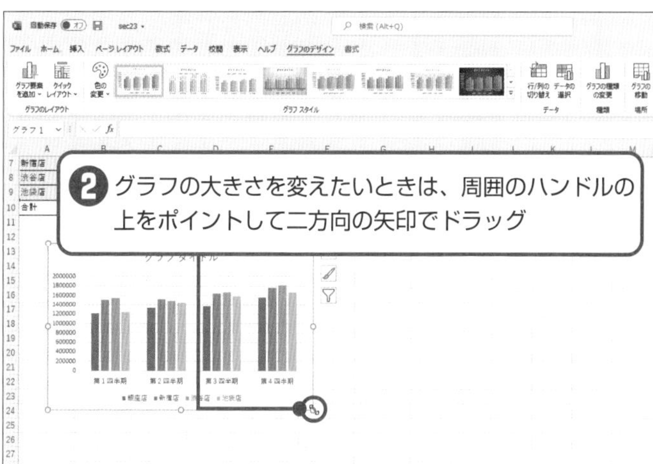

❷ グラフの大きさを変えたいときは、周囲のハンドルの上をポイントして二方向の矢印でドラッグ

グラフタイトルと凡例を編集する

グラフはひと目で数値の大小やデータの傾向がわかるのがメリットだ。ただ、何を表しているデータであるかはわかりにくい。そこで、**何のグラフであるかがすぐにわかるように、必ずタイトルを付ける**。

今、タイトルが「グラフタイトル」になっているが、「売上実績」に変更したい。グラフタイトルの部分をポイントすると、「グラフタイトル」とポップヒントが表示されるので、クリックする。するとグラフタイトルが選択された状態になる。続けて、もう一回クリックする。今度はグラフタイトルを編集できる状態になるので、文字を修正できる。

次に、グラフの下部を見てみよう。青は「銀座店」、オレンジは「新宿店」と、どの店舗の棒であるかがわかる。この部分を「凡例」という。ちなみに、データを表している棒を「データ系列」という。

では、凡例の位置を変えてみよう。「グラフのデザイン」タブの左端にある「グラフ要素を追加」ボタンをクリックし、「凡例」をポイントして「右」をクリックする。グラフの種類やサイズによって、バランスがよい所に配置しよう。

グラフタイトルと凡例で何のグラフであるかわかるようにする

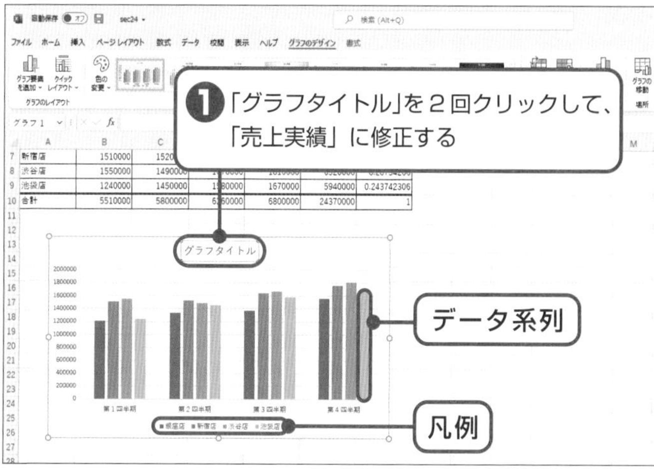

❶「グラフタイトル」を２回クリックして、「売上実績」に修正する
グラフタイトル
データ系列
凡例

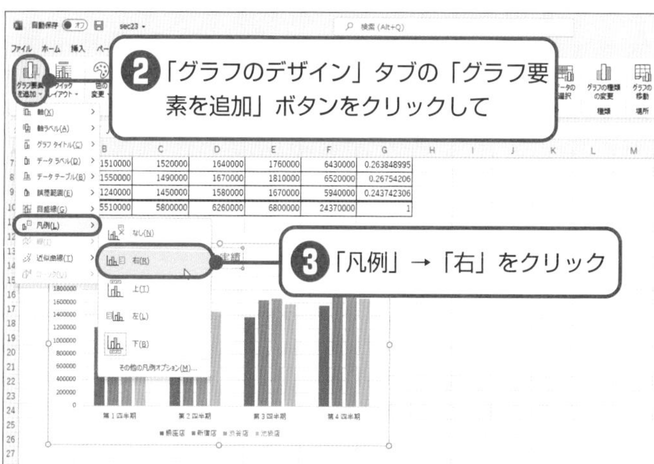

❷「グラフのデザイン」タブの「グラフ要素を追加」ボタンをクリックして
❸「凡例」→「右」をクリック

Section 24

表の見た目を編集しよう

軸ラベルを追加する

グラフタイトルを入れて、何のグラフであるかがひと目でわかるようになった。さらに、縦軸の目盛りが何を表しているかがわかるようにラベルを付けよう。

まず、「グラフエリア」をクリックしてグラフを選択した状態にし、「グラフのデザイン」タブの左端にある「グラフ要素を追加」ボタンをクリックする。一覧から「軸ラベル」をポイントして、「第1縦軸」をクリックしよう。

すると、縦軸に「軸ラベル」というラベルが表示される。これはサンプルのラベルなので、「軸ラベル」の文字を2回クリックして、金額単位の「円」に修正する。

追加したラベルは横書きになっているが、縦書きの方が読みやすいだろう。そこで、軸ラベルの上をクリックし、「ホーム」タブの「配置」グループにある「方向」をクリックして、「縦書き」をクリックする。縦書きのラベルに変わり、見た目もよくなった。

軸ラベルはドラッグして移動できるので、上の方に配置しよう。

縦軸のラベルで単位を付ける

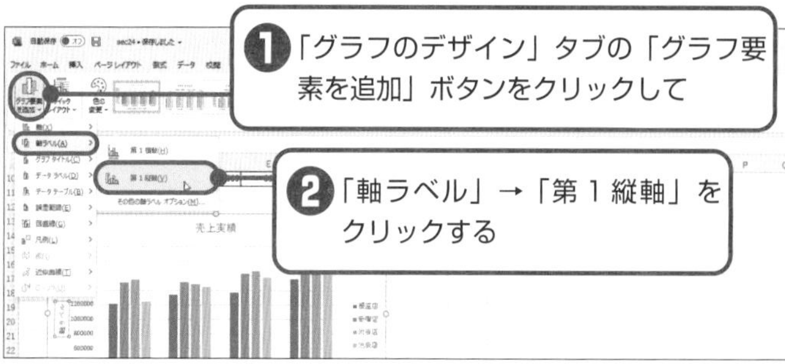

❶「グラフのデザイン」タブの「グラフ要素を追加」ボタンをクリックして
❷「軸ラベル」→「第 1 縦軸」をクリックする
売上実績

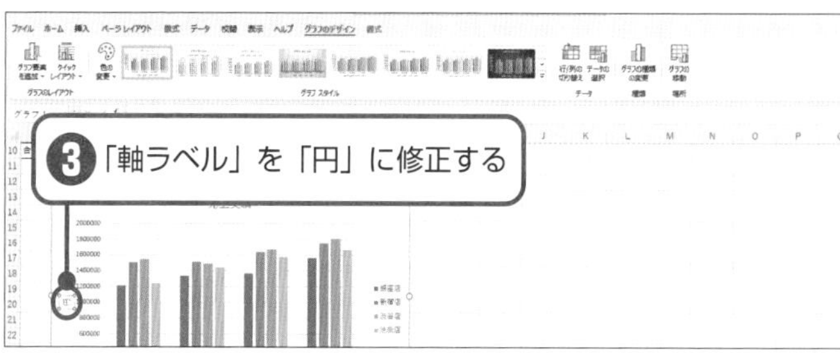

❸「軸ラベル」を「円」に修正する

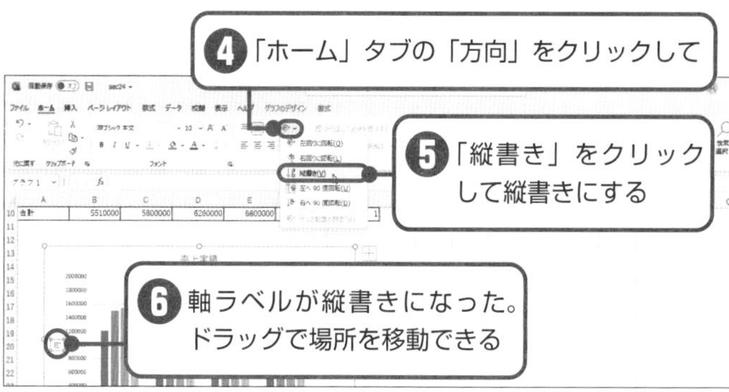

❹「ホーム」タブの「方向」をクリックして
❺「縦書き」をクリックして縦書きにする
❻軸ラベルが縦書きになった。ドラッグで場所を移動できる

その他のグラフの編集

今は、オーソドックスな棒グラフになっているが、もう少し凝ったグラフにしたい場合もあるだろう。たとえば、棒の色を変えたいときには、グラフの棒をダブルクリックする。そうすると、**画面右端に「作業ウィンドウ」が表示され**、「塗りつぶし」などの設定ができる。だが、あれこれ設定するとなると時間がかかってしまう。

そこで、「グラフのデザイン」タブにグラフスタイルが用意されているので活用しよう。「グラフエリア」をクリックして選択し、「グラフスタイル」の一覧から選ぶだけだ。一覧は一部しか見えていないので、右にある「∨」をクリックして表示させる。目盛線がないものや背景がグレーのものなどがあるので、イメージで選択するとよい。

また、先ほど、凡例の移動や軸ラベルの追加をしたが、実はレイアウトもサンプルが用意されている。「グラフのデザイン」タブの左端にある「クイックレイアウト」をクリックすると、凡例や軸ラベルが付いたレイアウトを設定できる。すばやくグラフを作成したいときにおすすめだ。

このように、グラフにはさまざまな設定ができるが、あくまでも「見やすさが大事」ということを念頭に置いて作成しよう。

グラフにはいろいろな設定ができる

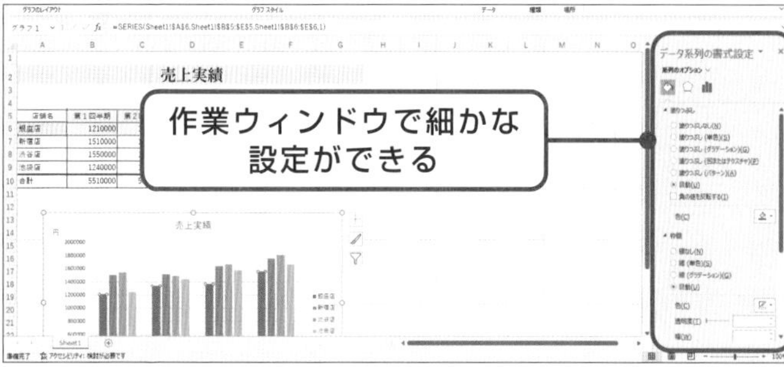
作業ウィンドウで細かな
設定ができる
売上実績
データ系列の書式設定

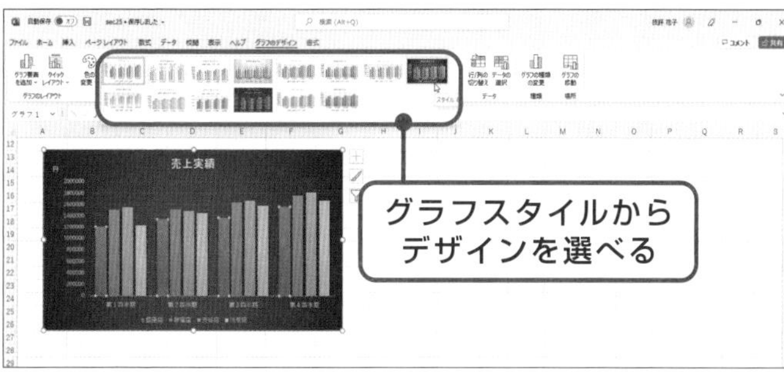
グラフスタイルから
デザインを選べる
売上実績

クイックレイアウトから
レイアウトを選べる
売上実績

Column

グラフの種類を変更する

間違えて別の種類のグラフを作成した場合など、グラフの種類を変えたい場合もあるだろう。そのようなときは、グラフを選択し、「グラフのデザイン」タブの「種類」グループにある「グラフの種類の変更」をクリックする。「すべてのグラフ」タブの一覧から選択すれば、一瞬でグラフを変えられる。その際も、データに合うグラフを選ぶことを忘れずに！

❶「グラフのデザイン」タブの「グラフの種類の変更」をクリック

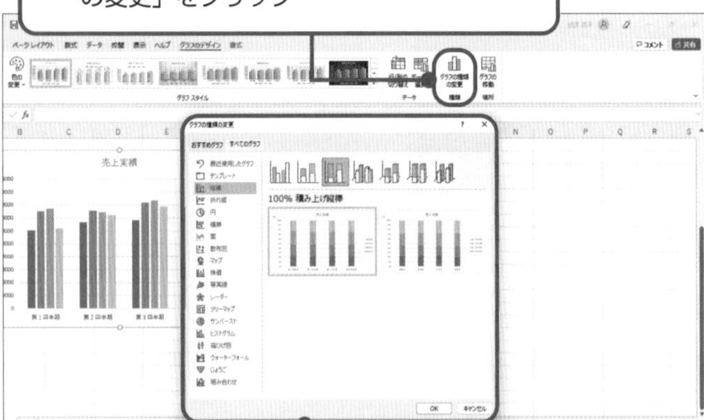

❷グラフを選んで変更できる

Chapter

5

エクセルを使いこなす便利ワザ

Section 25

表示形式を設定して表を見やすくしよう

数値データにさまざまな表示形式を設定できる

領収書や見積書の金額に、「¥」（円マーク）が付いているのを見たことがあるだろう。数字が金額であることがひと目でわかるようにするためと、書き足しができないようにするために「¥」を付けるのが一般的になっている。

エクセルでは、**入力した数値に¥を付けるには「表示形式」で設定する**。2章で、文字のサイズや色などを設定して見た目を変えたが、「表示形式」も値はそのままで見た目だけを変える設定だ。

左ページを見てみよう。一見「¥」が付いているので、文字列に見えるかもしれない。だが、数式バーでわかるように、実際は数値のみが入力されている。

他にも、桁数の多い金額に使う「，」（カンマ）や、比率の単位の「％」などの表示形式があり、「ホーム」タブの「数値」グループにあるボタンで設定できる。

「表示形式」を設定して数値を読みやすくする

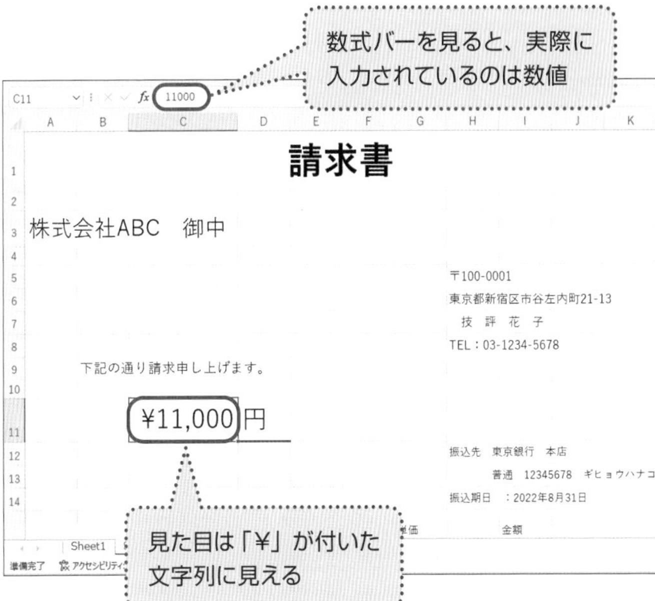

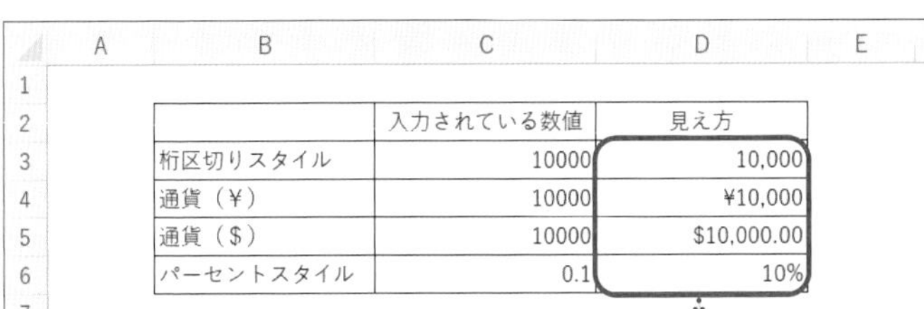

	入力されている数値	見え方
桁区切りスタイル	10000	10,000
通貨（¥）	10000	¥10,000
通貨（$）	10000	$10,000.00
パーセントスタイル	0.1	10%

さまざまな表示形式がある

●桁区切りスタイルの設定

たとえば、請求書の金額が「1234567円」だった場合、百万と千の位の前に「,」(カンマ)を入れて「1,234,567円」とすれば、123万と4567円とすぐに読むことができる。同様にエクセルの表にも、桁数が多い金額には「,」を付けた方が読みやすくなる。

数値の入力時に「,」を入れてもよいのだが、その都度「,」を入力するのは面倒だ。そこで、数値のみを入力しておき、**後からまとめて表示形式で設定するのがよい**。

では、売上実績表の金額を「,」付きに設定してみよう。金額が入力されている部分セルB6からセルF10をドラッグで選択し、「ホーム」タブの「数値」グループにある「桁区切りスタイル」ボタンをクリックする。

いかがだろう。一瞬ですべての数値に「,」を付けることができた。毎回「,」を入力するよりかなり効率的だ。

なお、消費税の計算や割り勘の計算などで、金額に小数点以下の端数が出た場合、桁区切りスタイルを設定すると、小数点以下は四捨五入され、整数で表示されるようになっている。

「,」を付ければ金額が大きい数値も読みやすい

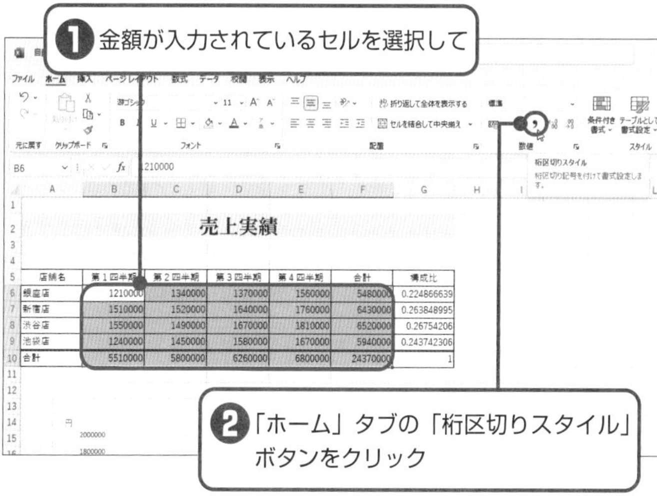
❶金額が入力されているセルを選択して
❷「ホーム」タブの「桁区切りスタイル」ボタンをクリック
売上実績
桁区切りスタイル
桁区切り記号を付けて書式設定します。

小数点以下は四捨五入される

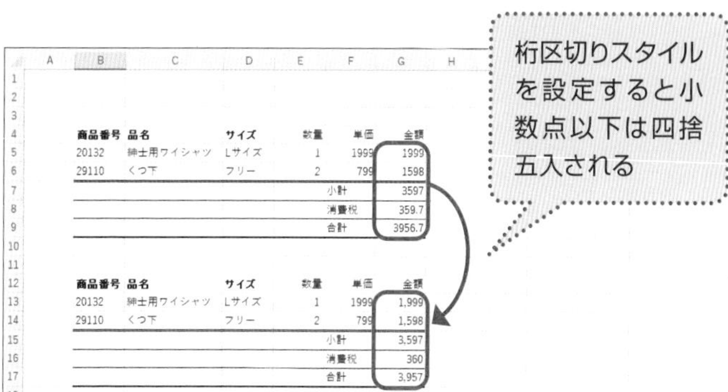
桁区切りスタイルを設定すると小数点以下は四捨五入される

●パーセントスタイルの設定

90ページで構成比を求めたが、全体を1としているため、小数点以下の表示になっている。だが、全体を100とし、それぞれの数値を%表示にする「構成比率」にした方が、ぱっと見てわかりやすい。構成比率にするには、すべての数値に100を掛ける必要があるが、エクセルでは、わざわざ100を掛けなくても、**「表示形式」を使うことで%表示にすることができる**。

では、操作方法を説明しよう。まず、%表示にしたい部分、つまり構成比が表示されているセルG6からセルG10をドラッグして選択する。「ホーム」タブの「数値」グループに、「パーセントスタイル」ボタンがある。「%」と書かれたボタンだ。これをクリックすると、すべてが%表示に変わる。

「パーセントスタイル」ボタンでは、小数点以下は四捨五入される。もし小数点以下を表示させたい場合は、「ホーム」タブの「数値」グループにある「小数点以下の表示桁数を増やす」ボタンをクリックする。クリックするたびに少数点以下の桁数を増やせるので、場合に応じて設定しよう。

%表示にしたら数値がわかりやすくなった。表見出しも「構成比率」に変更しよう。

100を掛けなくても%表示にできる

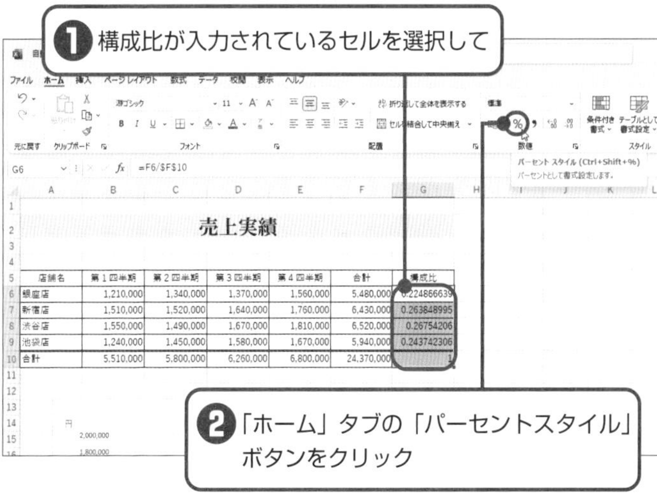
① 構成比が入力されているセルを選択して
② 「ホーム」タブの「パーセントスタイル」ボタンをクリック

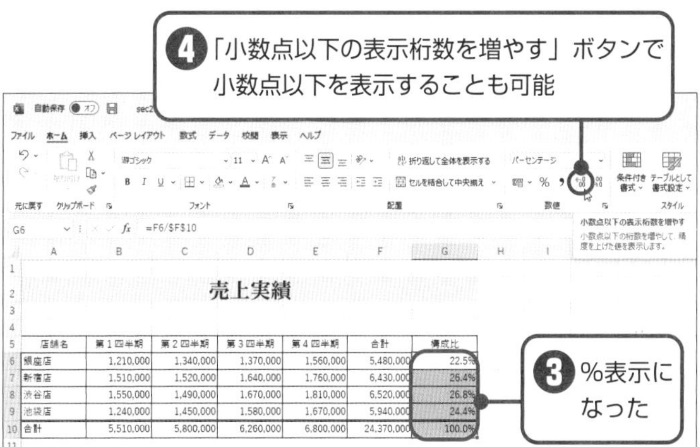
④ 「小数点以下の表示桁数を増やす」ボタンで小数点以下を表示することも可能
③ %表示になった

Section 26

部分的に罫線を引いてみよう

部分的に罫線を引けるの？

2章で罫線の引き方を解説したが、たとえば、離れたセルに続けて罫線を引く場合はどうしたらよいのだろう？　毎回、範囲を選択して、「罫線」ボタンをクリックして、というやり方をしないといけないのだろうか？

あるいは、データが存在しないセルに、斜めの線が引かれていることがある。そのような場合、どうやって引くのだろう？

実は、エクセルには、**鉛筆で線を引くような感覚で罫線を引く方法**もある。この方法を使えば、離れた場所でも、斜めの線でも、ドラッグ操作で自由に罫線を引くことができるのだ。

罫線を自由に引けるようにするには、「ホーム」タブの「フォント」グループの「罫線」ボタンの「v」をクリックし、「罫線の作成」をクリックする。すると、マウスポインタが鉛筆の形になる。この鉛筆の形の状態にすると、自由に罫線を引ける。

鉛筆のように罫線を引ける

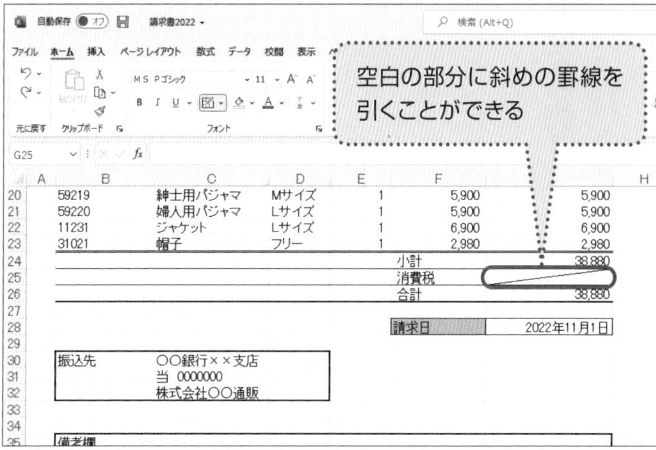

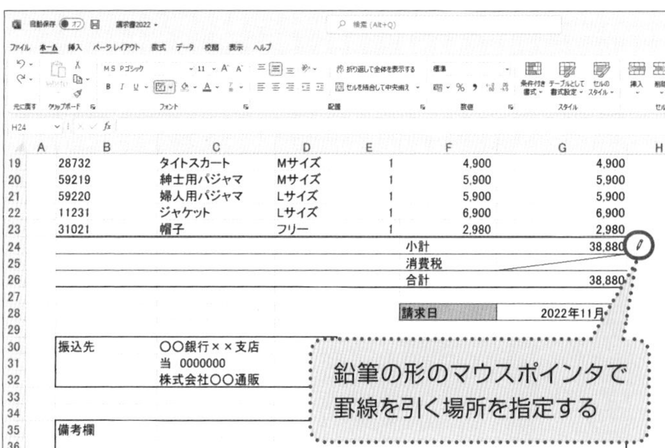

鉛筆の形のマウスポインタで
罫線を引く場所を指定する

●ドラッグで罫線を引く方法

では、ドラッグで罫線を引いてみよう。ここでは、表見出しとデータを区別するために、表見出しの下に太線を引く。まず、「罫線」ボタンの「v」をクリックして、「罫線の作成」をクリックし、マウスポインタを鉛筆の形にする。

次に、線の種類を選ぶ。「罫線」ボタンの「v」をクリックし、「線のスタイル」をポイントし、「太線」をクリックする。

太線を選んだら、セルB5の下線からセルG5の下線をなぞるようにドラッグしよう。少しずれるとセルを囲んでしまうので、下線をなぞるようにドラッグするとよい。

なお、セルに斜線を引く場合は、セルの右上角からセルの左下角までドラッグする。少しずれると長方形になるので、角から角までぴったりドラッグするのがコツだ。

削除したいときには、「罫線」ボタンの「v」をクリックし、「罫線の削除」をクリックして、マウスポインタを消しゴムの形にする。**その状態で削除する罫線をなぞるようにドラッグする**と消すことができる。

罫線を引き終わって文字入力に戻る場合は、キーボードのEscキーを押す。すると、マウスポインタが白十字の形に変わり、再び文字入力ができる。

鉛筆で罫線を引いて、消しゴムで消す

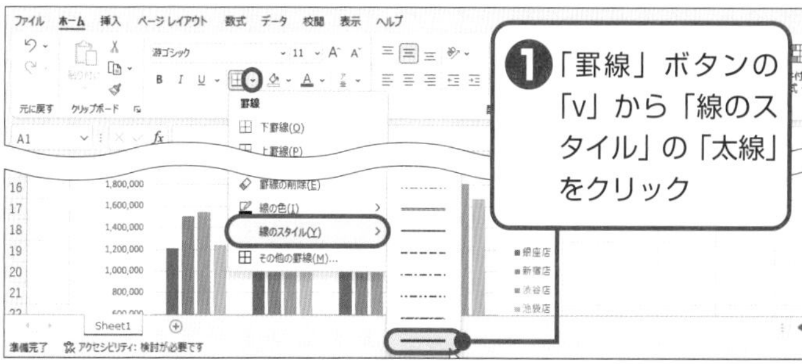

1 「罫線」ボタンの「v」から「線のスタイル」の「太線」をクリック

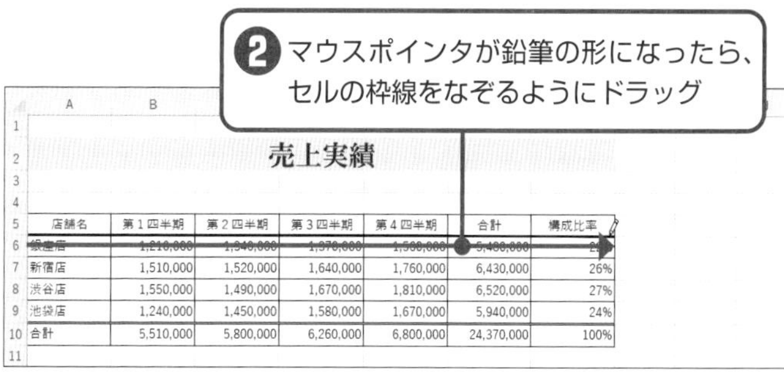

2 マウスポインタが鉛筆の形になったら、セルの枠線をなぞるようにドラッグ

3 斜線を引く場合は、セルの右上角をクリックし、左下角ぴったりまでドラッグ。なお、斜線は1つのセルの中にのみ引くことができる

Section 27

表見出しの行を固定しよう

表が長くなってしまったらどうする?

たとえば、毎日の商品売上表を作成することになったとする。毎日入力するデータなので、件数が日に日に増えていき、何十行にもわたる表になっていく。

そのような表は、下部のデータを見るときにスクロールの操作が必要だ。ところが、スクロールすると、表の最上部にある見出しの行が見えなくなるので、どの見出しの数値なのかがわかりづらくなる。見出しを見るためにスクロールして戻り、再び下部のデータを見るためにスクロール・・・といった具合に、毎回行ったり来たりの操作になってしまうだろう。

また、横長の表の場合も、横方向にスクロールすることで、見出しの列が見えなくなることがある。

そのような場合に、**見出しの行または見出しの列を固定させ、スクロールしたときにも見えるようにする機能**があるので紹介しよう。

見出しが見えないと困る……

1月売上表						
	日付	担当者名	商品名	数量	単価	売上高
1	1月6日	佐藤	プリンタ	3	50,000	**150,000**
2	1月6日	高橋	プリンタ	1	50,000	**50,000**
3	1月6日	井上	プリンタ	1	50,000	**50,000**
4	1月6日	高橋	パソコン	1	250,000	**250,000**
5	1月6日	山本	パソコン	2	250,000	**500,000**
6	1月6日	佐藤	デジカメ	2	70,000	**140,000**
7	1月7日	井上	パソコン	2	250,000	**500,000**
8	1月7日	山本	パソコン	1	250,000	**250,000**
9	1月7日	佐藤	プリンタ	2	50,000	**100,000**

↓

13	1月8日	岸川	パソコン	3	250,000	**750,000**
14	1月8日	佐藤	パソコン	1	250,000	**250,000**
15	1月8日	井上	パソコン	1	250,000	**250,000**
16	1月8日	山本	デジカメ	3	250,000	**750,000**
17	1月9日	高橋	プリンタ	2	50,000	**100,000**
18	1月9日	佐藤	プリンタ	2	50,000	**100,000**
19	1月9日	井上	デジカメ	3	70,000	**210,000**
20	1月9日	山本	デジカメ	1	70,000	**70,000**

縦長の表の場合、スクロールすると見出しが見えなくなる

	A	B	C	D	E	F	G	H	I	J
1				1月売上表						
2										
3		日付	担当者名	商品名	数量	単価	売上高			
16	13	1月8日	岸川	パソコン	3	250,000	**750,000**			
17	14	1月8日	佐藤	パソコン	1	250,000	**250,000**			
18	15	1月8日	井上	パソコン	1	250,000	**250,000**			
19	16	1月8日	山本	デジカメ	3	250,000	**750,000**			
20	17	1月9日	高橋	プリンタ	2	50,000	**100,000**			
21	18	1月9日								
22	19	1月9日								
23	20	1月9日								
24	21	1月9日	[illegible]	[illegible]	1	250,000	**250,000**			
25	22	1月9日	高橋	デジカメ	1	70,000	**70,000**			

スクロールしても見出しが見える方法がある

●表見出しの行を固定する

では、見出しの行を固定して、スクロールしても表示されるようにしよう。まずは、見出しの下のセルをクリックする。ここでは6行目をクリックする。同じ行であればどのセルでもよい。

そして、見出しの行が見える状態にしておく。見出しの行が見えていないと、別の行まで固定されてしまうので気を付けよう。

次に、「表示」タブの「ウィンドウ」グループに**「ウィンドウ枠の固定」のボタン**があるのでクリックし、「ウィンドウ枠の固定」をクリックする。すると、見出しの下に線が入る。この線は罫線ではないので間違えないようにしよう。

では、スクロールして、見出しの行が固定されているか確認しよう。どこまでスクロールしても見出しが見えているはずだ。

確認したら、「ウィンドウ枠の固定」をクリックし、「ウィンドウ枠固定の解除」をクリックして、見出しの行の固定を解除しておく。

なお、横長の表の場合は、見出しの列の右側の列の、いずれかのセルをクリックし、「ウィンドウ枠の固定」ボタンの「ウィンドウ枠の固定」をクリックすればよい。

表見出しを固定すれば縦長や横長の表が見やすくなる

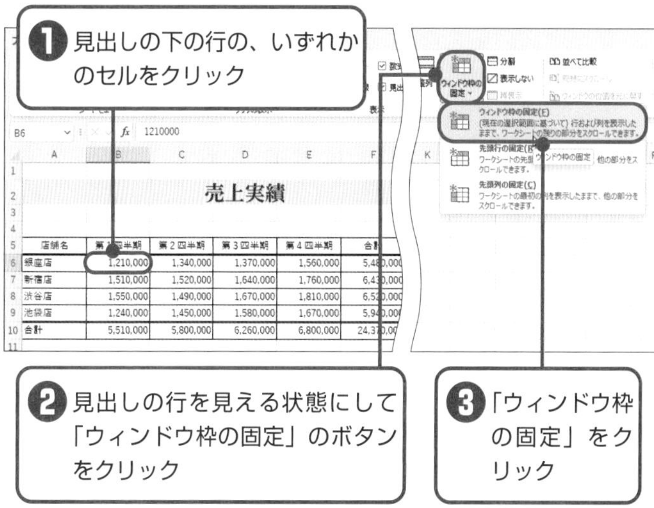
❶見出しの下の行の、いずれかのセルをクリック
❷見出しの行を見える状態にして「ウィンドウ枠の固定」のボタンをクリック
❸「ウィンドウ枠の固定」をクリック

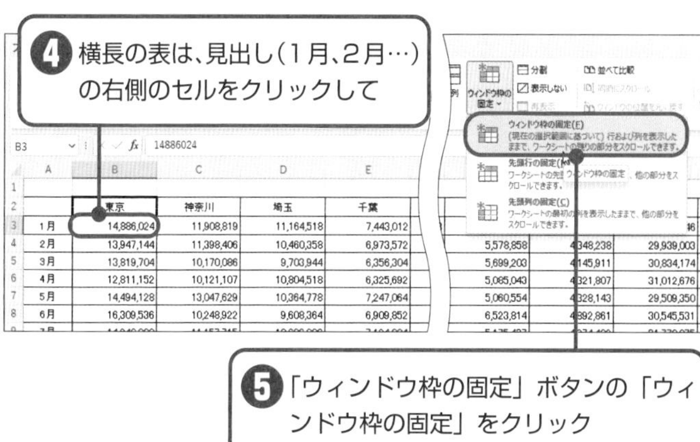
❹横長の表は、見出し(1月、2月…)の右側のセルをクリックして
❺「ウィンドウ枠の固定」ボタンの「ウィンドウ枠の固定」をクリック

Section 28

ひとつのブックに複数のシートを作ろう

ひとつのブックに異なる内容のシートをまとめたいときは?

これまで1つのブックにデータを入力してきたが、1章でも説明したように、ブックは複数の「シート」を使うことができる。

たとえば、毎月の実績表をエクセルで作成することになったとしよう。「1月」「2月」「3月」・・・と表を作成するとき、**月ごとにシートを分けた方が管理しやすい**。なぜなら「3月の実績表を閲覧したい」といったときに、3月のシートに切り替えれば、すぐに閲覧できるからだ。

画面の下部を見ると、現在あるシートは「Sheet1」だけだ。もう1つ表を作りたいので、シートを増やしたい。その際、「Sheet1」のままでは、何の表かわからないので、一緒に名前の変更もしておこう。シートの追加もシート名の変更も、どちらもかんたんにできるので、このあとやり方を説明する。

シート見出しをタグのように使える

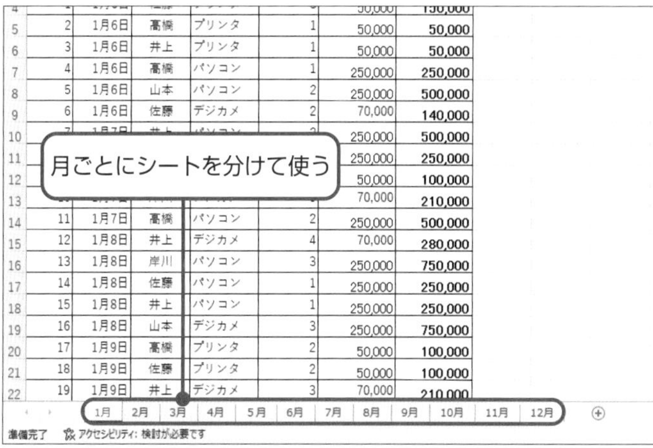
月ごとにシートを分けて使う
1月
2月
3月
4月
5月
6月
7月
8月
9月
10月
11月
12月
準備完了
アクセシビリティ: 検討が必要です

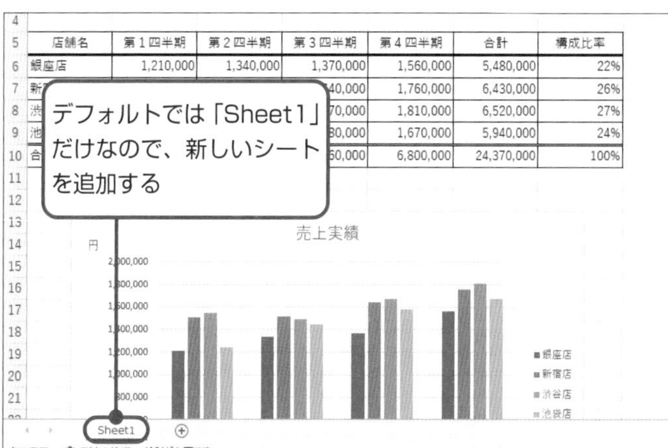
デフォルトでは「Sheet1」だけなので、新しいシートを追加する
店舗名
第１四半期
第２四半期
第３四半期
第４四半期
合計
構成比率
銀座店
売上実績
円
Sheet1
準備完了
アクセシビリティ: 検討が必要です

●複数のシートを作る方法

それでは、シートを追加する方法を説明しよう。画面下部の「Sheet1」の右にある「＋」の形のボタンが、**「新しいシート」のボタン**だ。クリックしてみよう。すると、「Sheet2」というシートが追加される。表示しているシートは、シート名の下に緑の線がつき、別のシート見出しをクリックすると切り替えられる。

このように、シート見出しをタグのように使える。ただ、このままでは何の表があるのかがわからないので、シート名を変更しよう。シート見出しの上をダブルクリックすると、シート名が灰色に反転し、編集できる状態になるので、わかりやすい名前を入力する。入力したら Enter キーを押して確定しよう。

もし、間違えてシートを追加した場合や不要のシートがある場合は、シート見出しを右クリックし、表示されたメニューの「削除」をクリックすればよい。その際、シートに何も入力されていなければ、そのまま削除されるが、何か入力されている場合は、「完全に削除されます」というメッセージが表示される。一度削除したシートは元に戻せないので、本当に削除してよいか確認してから「削除」をクリックしよう。

シートを追加したら、シート名を変更する

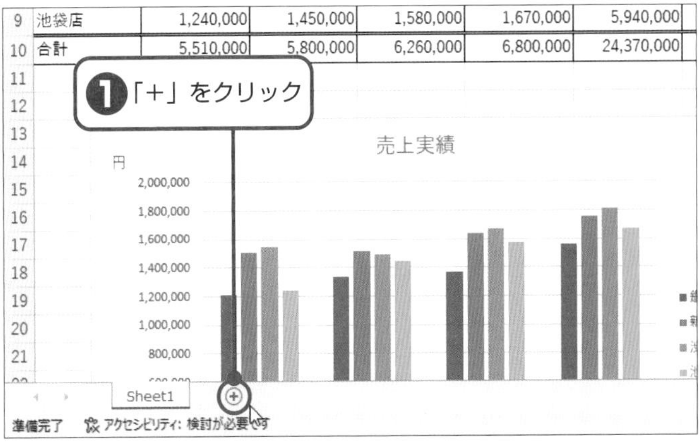

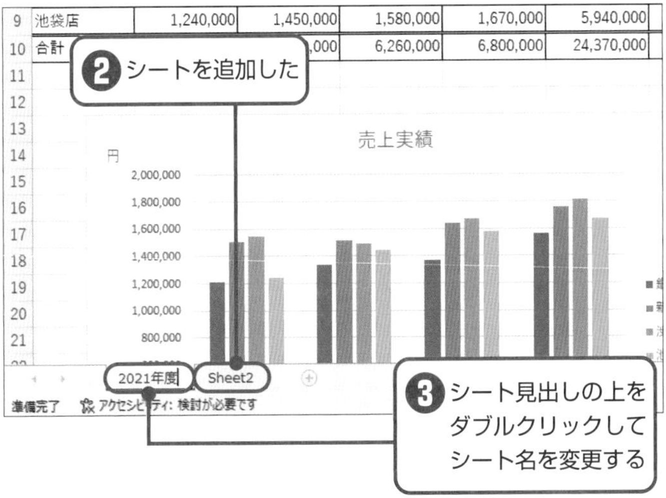

●似たような表を使いたいときはシートをコピーする

実績表のように、毎月あるいは毎年同じ表を作成する場合、複数のシートで管理した方がよいことは先ほど述べた。とはいえ、シートを追加していちから作成するのは時間がかかるし、コピーして貼り付けるにしても、範囲選択だけでも大変そうだ。

そのようなときは、**シートごとコピー**しよう。そうすれば、数式や書式設定をやり直す手間を省くことができ、すべてのシートが同じレイアウトで統一される。

シートをコピーするには、シート見出しの上を右クリックし、「移動またはコピー」からできるのだが、少々わかりにくいので、もっと手軽な方法を紹介しよう。

コピーしたいシート見出しをクリックし、キーボードの Ctrl キーを押しながら、挿入先の位置にドラッグする。このとき、マウスポインタの形が「用紙に＋が付いた形」になっていることを確認しよう。その状態でドラッグすると、シート名の横に▼が表示されるので、入れたい場所になっていることを確認してマウスのボタンを離す。そして Ctrl キーを離す。Ctrl キーを最後まで離さないのがポイントだ。

シートの順序を変えたい場合は、シート名を移動先へドラッグすればよい。こちらも▼の位置をよく見てマウスのボタンを離そう。

シートをコピーしたり移動したりできる

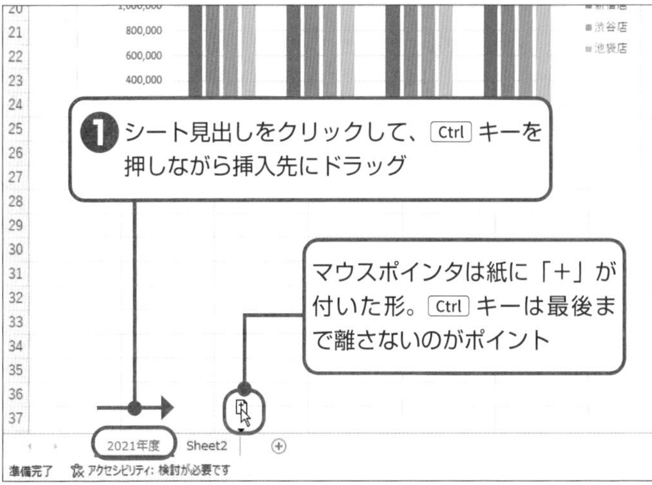
❶シート見出しをクリックして、Ctrl キーを押しながら挿入先にドラッグ
マウスポインタは紙に「+」が付いた形。Ctrl キーは最後まで離さないのがポイント
2021年度
Sheet2
準備完了
アクセシビリティ: 検討が必要です

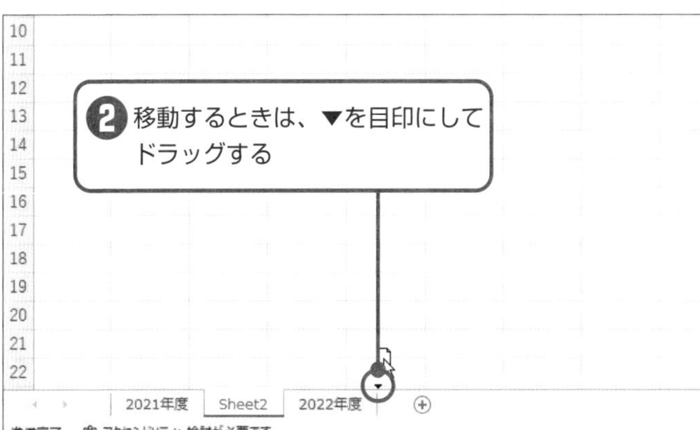
❷移動するときは、▼を目印にしてドラッグする
2021年度
Sheet2
2022年度
準備完了
アクセシビリティ: 検討が必要です

Section 29

データを規則に従って並べよう

●エクセルならデータの並べ替えもかんたん

エクセルを使っていると、データを並べ替えたいときがあるだろう。たとえば、売上表で売上額の多い順にしたいときや、成績表で点数の高い順にしたいときなどだ。そのようなとき、エクセルではかんたんに並べ変えができる。金額や点数などの数値だけでなく、商品名や氏名など、文字の並べ替えも可能だ。

並べ替えの種類には、昇順と降順の2つのタイプがある。昇順は、「12345」のように、小さい数値から大きい数値の順番に並べる。反対に、「54321」と大きい順に並べる場合は降順になる。昇順と降順を間違えそうなら、階段をイメージして、5階から1階に降りる（下りる）のが「降順」と覚えておこう。

日本語の場合は、昇順が「あいうえお」の順、降順が「おえういあ」となる。アルファベットの場合は、昇順が「ABCDE」、降順が「EDCBA」。いずれも逆からの並べ替えが降順となる。

昇順・降順は階段をイメージする

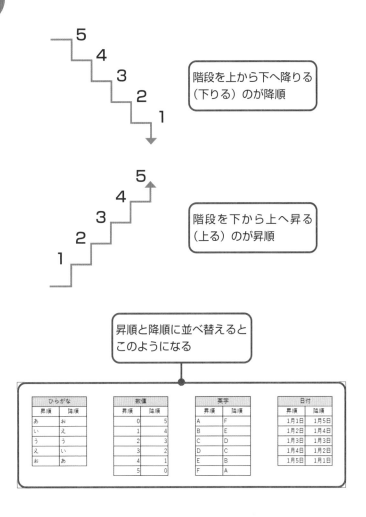

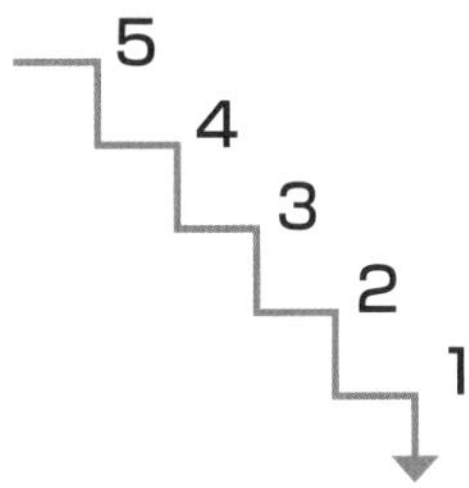

階段を上から下へ降りる（下りる）のが降順

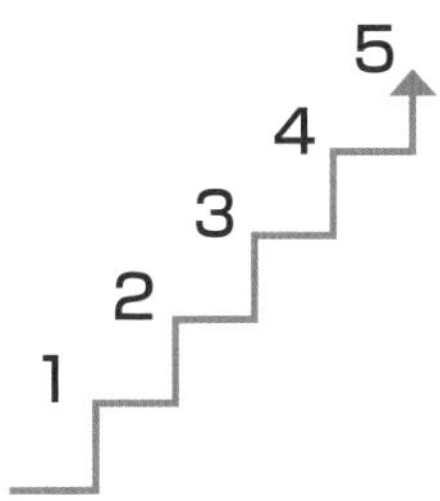

階段を下から上へ昇る（上る）のが昇順

昇順と降順に並べ替えるとこのようになる

ひらがな	
昇順	降順
あ	お
い	え
う	う
え	い
お	あ

数値	
昇順	降順
0	5
1	4
2	3
3	2
4	1
5	0

英字	
昇順	降順
A	F
B	E
C	D
D	C
E	B
F	A

日付	
昇順	降順
1月1日	1月5日
1月2日	1月4日
1月3日	1月3日
1月4日	1月2日
1月5日	1月1日

●データの並べ替えの方法

並べ替えるときには、「何を基準に並べ替えたいか」を考え、その並べ替えの基準となるセルをクリックする。ここでは、店舗の合計売上額が多い順に並べ替えるので、F列のいずれかのセルをクリックしよう。

次に、「データ」タブの「並べ替えとフィルター」グループにある「昇順」ボタンと「降順」ボタンを探そう。今回は金額の多い順にするので「降順」をクリックする。

すると、クリックしたセル（ここでは合計）を基準に行が並べ替えられた。ただし、よく見てみると全店舗の合計の行が先頭に来ている。商品一覧や社員名簿などの表はこの方法で正常に並べ替えられるのだが、今回の表では全店舗の合計が表にあるので、一緒に並べ替えてしまったのだ。

そこで、**事前に合計行を除いたセルA5からG9を範囲選択しておく**。そして「データ」タブの「並べ替え」ボタンをクリックする。見出しを並べ替えないように「先頭行をデータの見出しとして使用する」にチェックをつけ、「最優先されるキー」を「合計」、順序を「大きい順」にして「ＯＫ」ボタンをクリックしよう。

何を並べ替えるかを決めてから並べ替える

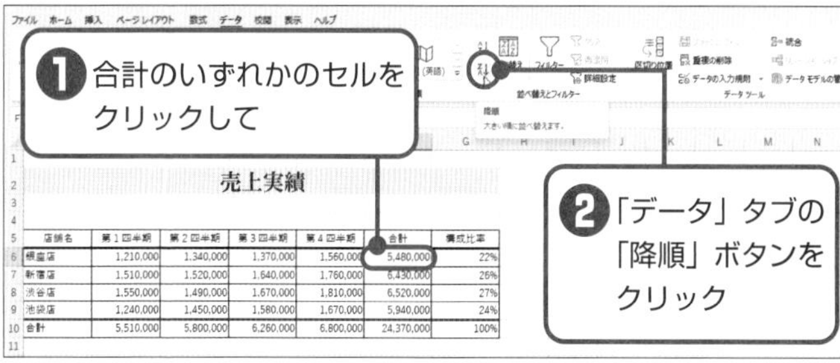

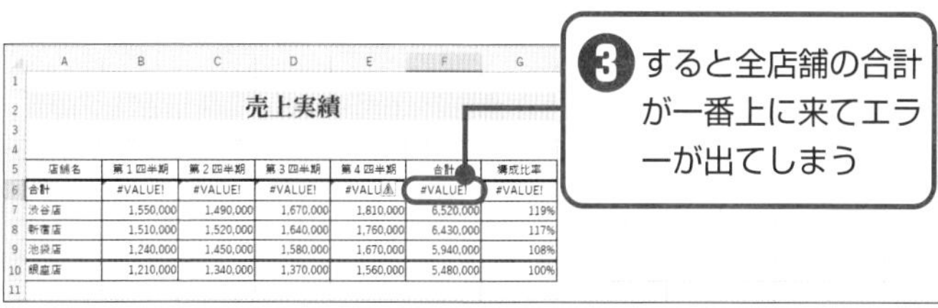

❸すると全店舗の合計が一番上に来てエラーが出てしまう
売上実績

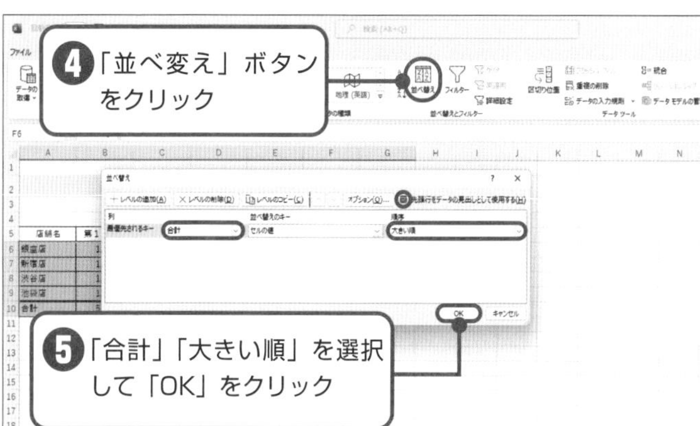

Section 30

条件に合うデータを絞り込もう

●条件に合致するデータを探すなら「フィルター」

膨大なデータが入力されている表の中から、特定のデータだけを取り出したいとき、表の中から探すのはとても大変な作業だ。そこで、エクセルには、目的のデータをかんたんに取り出せる「フィルター」という機能がある。

では、フィルターがどのようなものか、操作しながら説明しよう。まず、表内のいずれかのセルをクリックする。表の周囲にデータがなければ、エクセルが表の範囲を認識するので、ドラッグで範囲を選択する必要がないのだ。次に、「データ」タブの「フィルター」ボタンをクリックする。すると、フィルターモードになり、表の見出しの横に「▼」が現れる。このボタンで条件を指定する。

今回は「池袋店」のデータを抽出するので、「店舗名」にある▼をクリックしよう。続いて「池袋店」にチェックを付け、「OK」ボタンをクリックする。このとき「すべて選択」をクリックしてチェックをはずしてから、「池袋店」を選択するとやりやすい。

フィルター機能でデータを抽出する

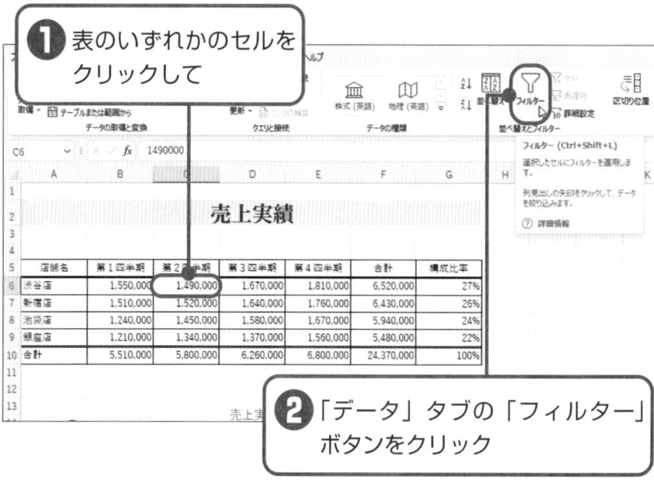

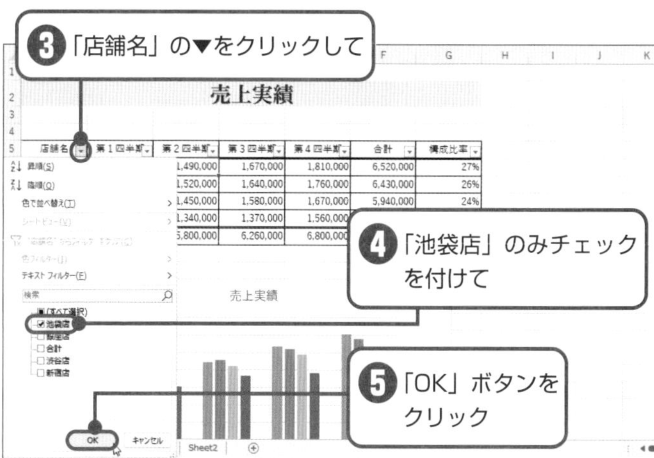

●フィルターを活用する

フィルターを実行し、「池袋店」のデータのみが表示された。この状態でコピーできるので、「池袋店」のデータを別の資料に貼り付けたいときに便利だ。

フィルターモードを終わりにするときは、「データ」タブの「フィルター」のボタンをクリックすると、▼が消えて解除される。

フィルターや並べ替えを上手く使うには、「池袋店のデータを1行」のように1行に1件分のデータを入力することや、表の周囲にデータを入力しないことが重要だ。

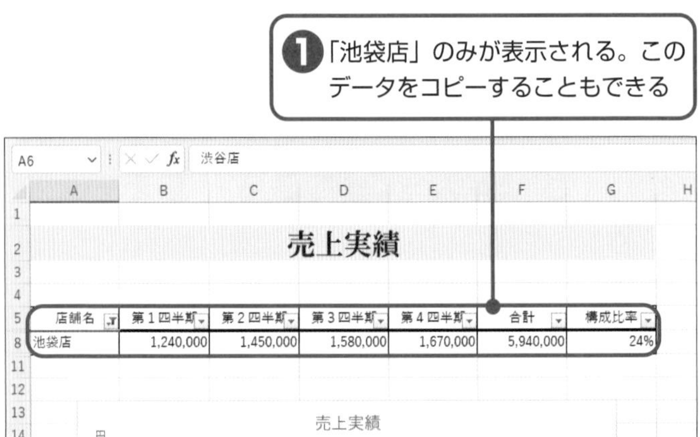

Chapter

6

表を印刷しよう

Section 31

レイアウトを確認しながら印刷設定をする

ページレイアウトビューを表示する

入力が終わってひと通りチェックをしたら、プリンターで印刷しよう。だがその前に、印刷の設定をしなければいけない。エクセルの場合、いざ印刷してみると1枚の用紙に収まらなかったり、左に偏ったりなど、思い通りにいかないことが多いからだ。

まず、印刷前に確認する画面を表示しよう。画面右下の「ページレイアウト」ボタンをクリックする。そうすると、上部と左部に目盛りがついた画面が表示される。この画面は「ページレイアウトビュー」といい、**印刷結果に近い画面を見ながら印刷設定ができる画面**だ。確認だけでなく、リボンのボタンがそのまま表示されているので、セルへの入力や編集もできる。後からミスが見付かってもそのまま修正できて便利だ。

とはいえ、入力するときは、やはり通常の画面の方が操作しやすい。画面右下の「標準」ボタンをクリックすると元の画面に戻せる。

レイアウトを確認しながら設定・編集ができる

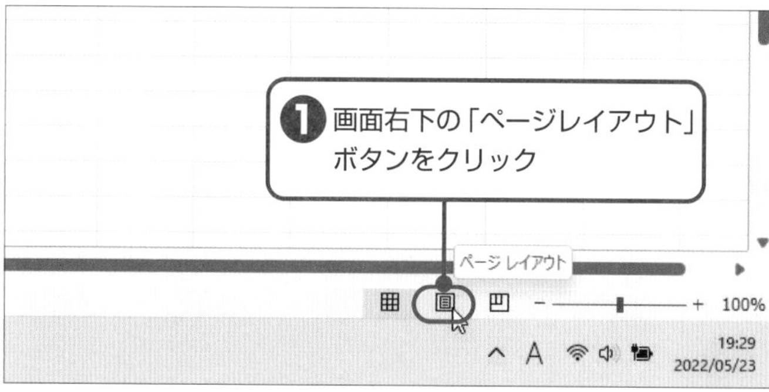
❶画面右下の「ページレイアウト」ボタンをクリック
ページ レイアウト
100%
19:29
2022/05/23

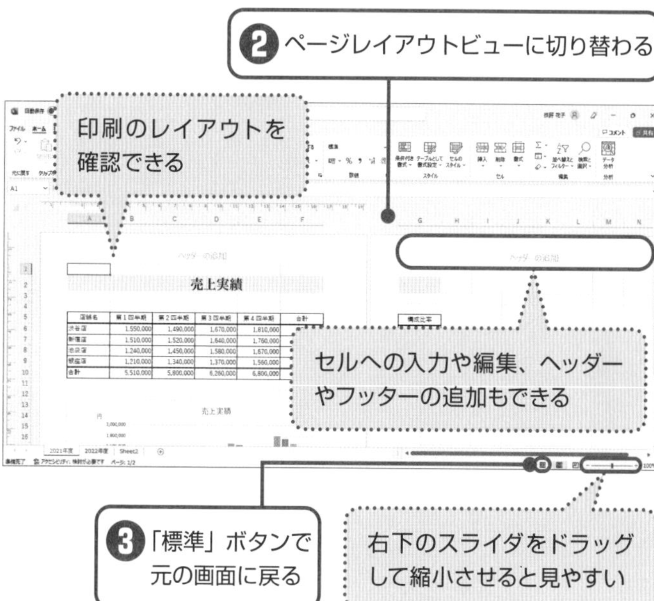
❷ページレイアウトビューに切り替わる
印刷のレイアウトを確認できる
売上実績
セルへの入力や編集、ヘッダーやフッターの追加もできる
❸「標準」ボタンで元の画面に戻る
右下のスライダをドラッグして縮小させると見やすい

Section 32

用紙のサイズと向きを設定しよう

文書に適した用紙サイズと向きを選択する

印刷の設定にはいろいろあるが、最初に用紙サイズと向きを設定しよう。印刷設定は、「ページレイアウト」タブの「ページ設定」グループのボタンで行うことができ、用紙サイズは「サイズ」ボタンをクリックして指定する。たいていの文書はA4サイズの用紙を使うので、デフォルトではA4サイズになっている。今回もA4サイズにする。

次に印刷の向きだ。たとえば、左ページのAの表は、縦に長い表なので、縦向きで印刷する。反対に、Bの表は、横に長い表なので、横向きで印刷した方が1枚の用紙に収まりやすい。このように、用紙の向きは、表が縦に長いか、横に長いかを基準に決めるとよい。

用紙の向きを変えるには、**「ページレイアウト」タブの「印刷の向き」ボタン**をクリックすると、縦か横を選択できる。ここでは「縦」にする。

表の形状に合わせて印刷の向きを考える

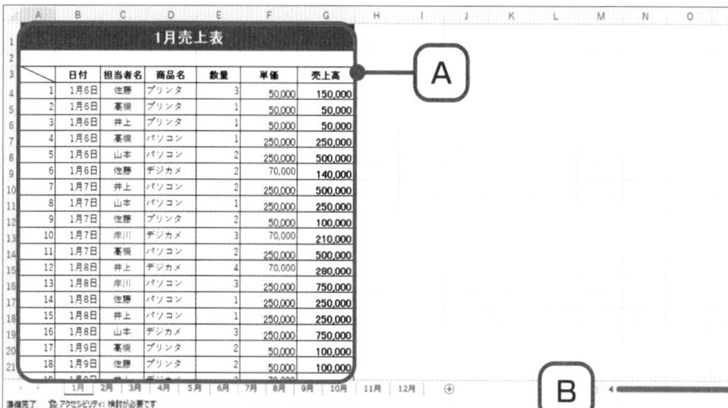

1月売上表

	日付	担当者名	商品名	数量	単価	売上高
1	1月6日	佐藤	プリンタ	3	50,000	150,000
2	1月6日	高橋	プリンタ	1	50,000	50,000
3	1月6日	井上	プリンタ	1	50,000	50,000
4	1月6日	高橋	パソコン	1	250,000	250,000
5	1月6日	山本	パソコン	2	250,000	500,000
6	1月6日	佐藤	デジカメ	2	70,000	140,000
7	1月7日	井上	パソコン	2	250,000	500,000
8	1月7日	山本	パソコン	1	250,000	250,000
9	1月7日	佐藤	プリンタ	2	50,000	100,000
10	1月7日	岸川	デジカメ	3	70,000	210,000
11	1月7日	高橋	パソコン	2	250,000	500,000
12	1月8日	井上	デジカメ	4	70,000	280,000
13	1月8日	岸川	パソコン	3	250,000	750,000
14	1月8日	佐藤	パソコン	1	250,000	250,000
15	1月8日	井上	パソコン	1	250,000	250,000
16	1月8日	山本	デジカメ	3	250,000	750,000
17	1月9日	高橋	プリンタ	2	50,000	100,000
18	1月9日	佐藤	プリンタ	2	50,000	100,000

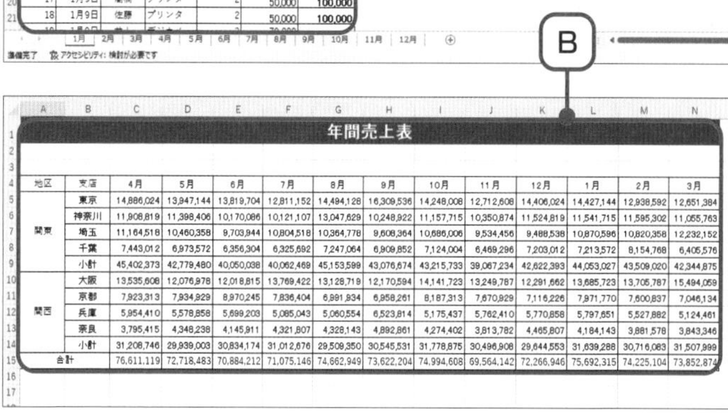

年間売上表

地区	支店	4月	5月	6月	7月	8月	9月	10月	11月	12月	1月	2月	3月
関東	東京	14,886,024	13,947,144	13,819,704	12,811,152	14,494,128	16,309,536	14,248,008	12,712,608	14,406,024	14,427,144	12,938,592	12,651,384
	神奈川	11,908,819	11,398,406	10,170,086	10,121,107	13,047,629	10,248,922	11,157,715	10,350,874	11,524,819	11,541,715	11,595,302	11,055,763
	埼玉	11,164,518	10,460,358	9,703,944	10,804,518	10,364,778	9,608,364	10,686,006	9,534,456	9,488,538	10,870,596	10,820,358	12,232,152
	千葉	7,443,012	6,973,572	6,356,304	6,325,692	7,247,064	6,909,852	7,124,004	6,469,296	7,203,012	7,213,572	8,154,768	6,405,576
	小計	45,402,373	42,779,480	40,050,038	40,062,469	45,153,599	43,076,674	43,215,733	39,067,234	42,622,393	44,053,027	43,509,020	42,344,875
関西	大阪	13,535,608	12,076,978	12,018,815	13,769,422	13,128,719	12,170,594	14,141,723	13,249,787	12,291,662	13,685,723	13,705,787	15,494,059
	京都	7,923,313	7,934,929	8,970,245	7,836,404	6,991,934	6,958,261	8,187,313	7,670,929	7,116,226	7,971,770	7,600,837	7,046,134
	兵庫	5,954,410	5,578,858	5,699,203	5,085,043	5,060,554	6,523,814	5,175,437	5,762,410	5,770,858	5,797,651	5,527,882	5,124,461
	奈良	3,795,415	4,348,238	4,145,911	4,321,807	4,328,143	4,892,861	4,274,402	3,813,782	4,465,807	4,184,143	3,881,578	3,843,346
	小計	31,208,746	29,939,003	30,834,174	31,012,676	29,509,350	30,545,531	31,778,875	30,496,908	29,644,553	31,639,288	30,716,083	31,507,999
合計		76,611,119	72,718,483	70,884,212	71,075,146	74,662,949	73,622,204	74,994,608	69,564,142	72,266,946	75,692,315	74,225,104	73,852,874

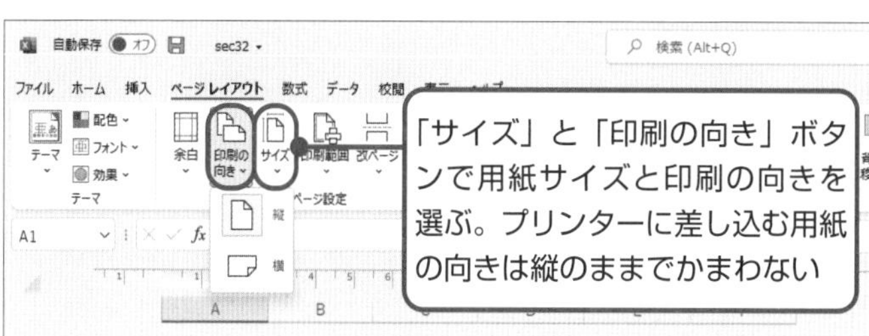

Section 33

余白を変更しよう

●印刷設定をしたら表がはみ出る！

用紙の向きを縦にしたが、ページレイアウトビューで見てみると、表とグラフの右端が右側のページに表示されている。右側は別のページなので、1ページに収まっていないということだ。このまま印刷すると、用紙が2枚になってしまう。

このような場合、余白を狭めると1枚に収まるケースが多い。余白の調整は、「ページレイアウト」タブの「ページ設定」グループにある「余白」ボタンをクリックする。現在、「標準」が選択されているが、「狭い」をクリックしよう。

すると左右の余白が狭まり、はみ出していたデータを1ページに収めることができた。これで1枚の用紙に印刷できる。

このように、**はみ出したデータを余白の調整でページ内に収めることができる**。だが、データによっては収まらない場合もあるだろう。そのようなときの対策として、154ページでは、縮小して印刷する方法を紹介する。

「余白」ボタンで簡単に余白を変更できる

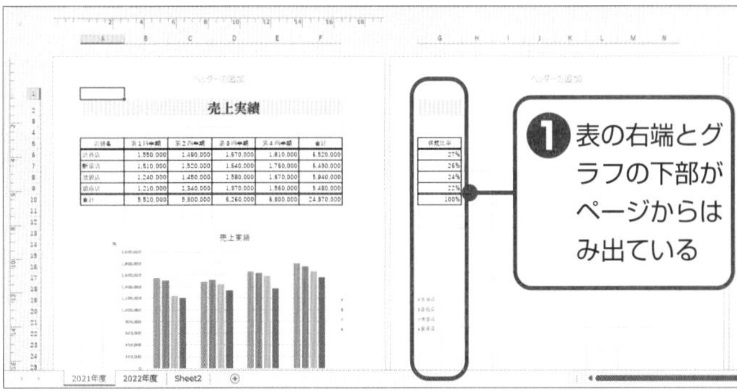

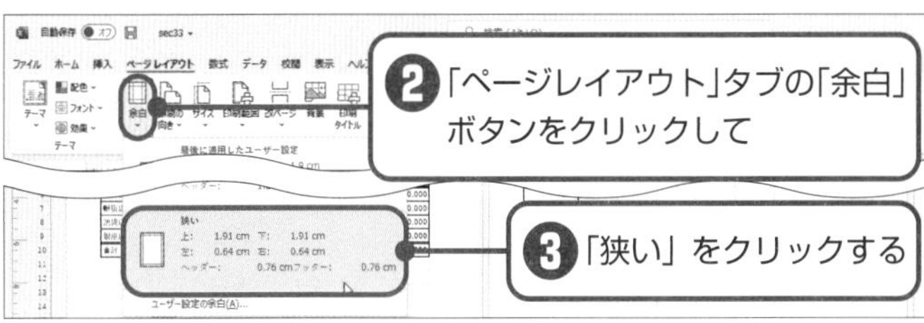

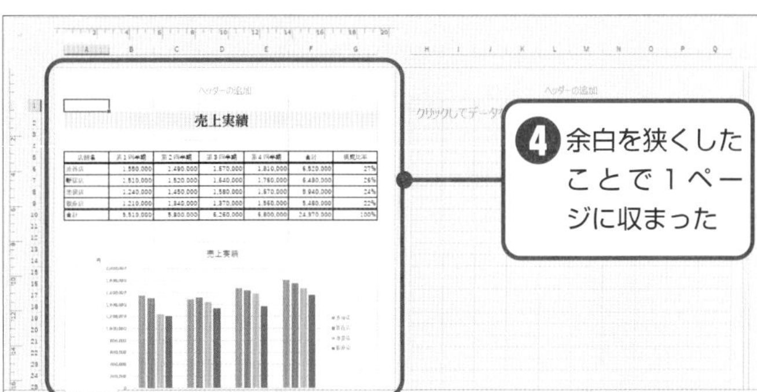

●用紙の中央に印刷されるように設定する

余白を調整して、1ページに収まったが、今度は、左の余白が、右の余白より少し狭く見える。見栄えよく印刷するには、用紙の横幅に対して、表が中央に配置されているとよい。つまり、左右の余白の幅を同じにするのが望ましい。

では、設定を変えてみよう。「ページレイアウト」タブの「ページ設定」グループの右下にある小さなボタンが見えるだろうか？　これは**「ページ設定」ボタンといって、ページの詳細設定画面を表示するボタン**だ。クリックしてみよう。

「ページ設定」ダイアログが表示されたら、「余白」タブをクリックする。この画面で余白を細かく設定することも可能だ。そして下部を見ると、「水平」と「垂直」のチェックボックスがある。この「水平」にチェックを付けて「ＯＫ」ボタンをクリックすると、横方向の中央に配置できる。

ここでは、横方向の中央に配置するので「水平」にしたが、縦方向の中央に配置したい場合は「垂直」を選択する。また、「水平」と「垂直」の両方にチェックを付けた場合は、用紙の中心を基準にして真ん中に配置される。

中央に配置すると見栄えがよくなる

❶「ページレイアウト」タブの「ページ設定」ボタンをクリック

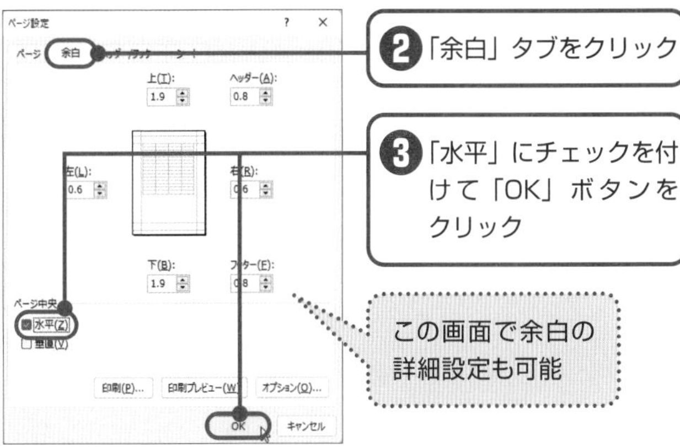
❷「余白」タブをクリック
❸「水平」にチェックを付けて「OK」ボタンをクリック
この画面で余白の詳細設定も可能

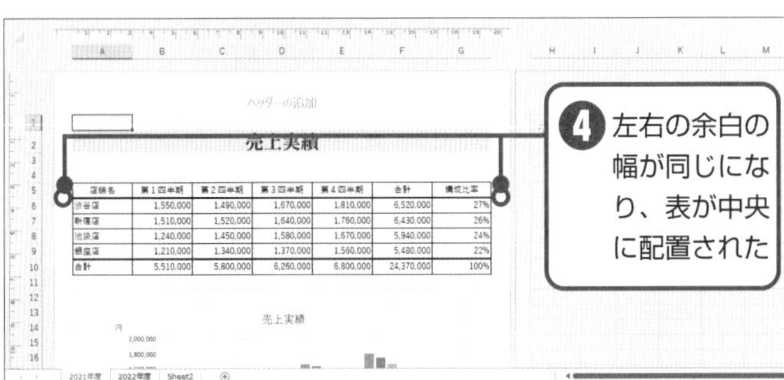
❹左右の余白の幅が同じになり、表が中央に配置された

Section 34

縮小して表を1ページに収めよう

はみ出した部分を1ページに収める

先ほど余白を狭くして1ページに収めたが、エクセルには、**自動的に縮小して1ページに収める設定**もある。「ページレイアウト」タブの「拡大縮小印刷」グループを見てみよう。まだ縮小していないので、「拡大/縮小」ボックスに「100%」とある。

それでは、縮小してみよう。今回は右端がはみ出しているので、「横」を縮小すればよい。横を1ページに収めるという意味で、「横」ボックスの「v」をクリックし、「1ページ」をクリックする。

すると、右端にはみ出ていた部分が1ページに収まりすっきりした。「拡大/縮小」ボックスを見ると「90%」に変わり、自動的に縮小されたのがわかるだろう。これは、画面上だけでなく、印刷しても縮小される。

今回は横のみの設定で収まったが、下部がはみ出している場合は、「縦」ボックスに「1ページ」を設定すればよい。

自動的に縮小して１ページに収めてくれる

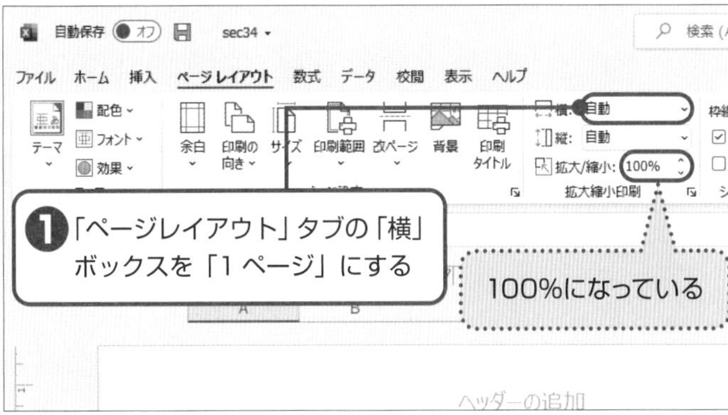

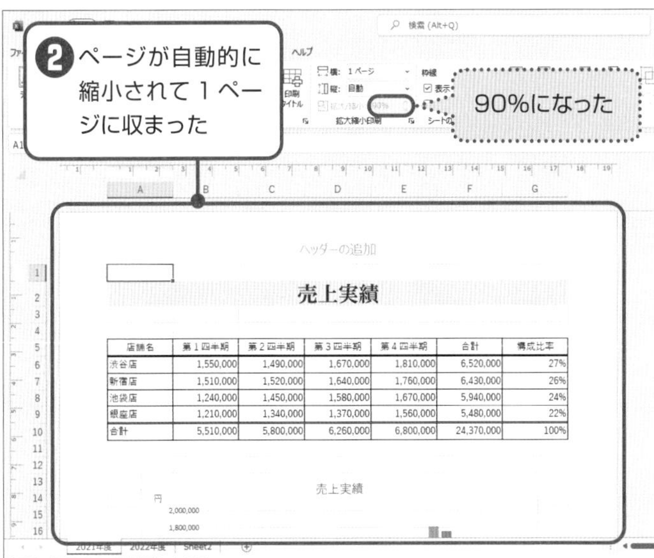

Section 35

設定が済んだら印刷しよう

印刷画面を確認して印刷を開始する

ひと通りの設定が済んだら、印刷を実行するために「ファイル」タブの「印刷」をクリックして印刷画面を表示する。

「印刷画面」の右側には印刷プレビューがあり、ここで印刷結果のイメージを確認できる。複数ページある場合は、下部の「三角」ボタンで2ページ以降も確認しよう。

次に、左側を見てみよう。ここにも印刷の向きや縮小などの設定があり、右側を見ながら最後の調整ができる。そして、**使用するプリンターになっていることを確認**しよう。別のプリンターやＰＤＦになっていると印刷できない。

また、「作業中のシートを印刷」になっていることを確認する。もし、表だけ印刷する場合は、表をドラッグで選択した後、ここで「選択した部分を印刷」にする。

続いて、印刷する部数を「部数」ボックスに入力する。たとえば、３人に配布する場合は「3」と入力すればよい。最後に、「印刷」ボタンをクリックしよう。

印刷画面を見てみよう

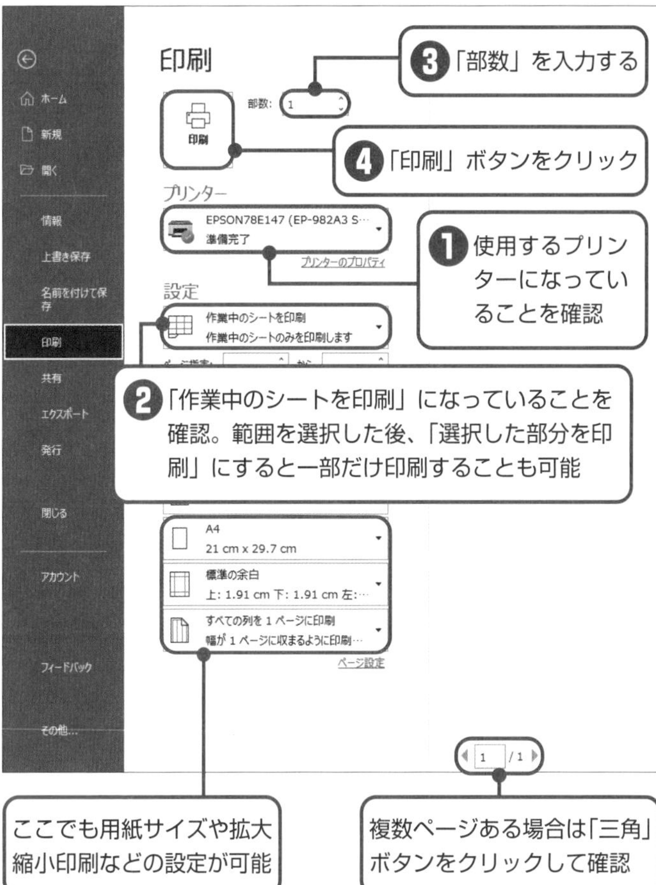
印刷
部数：
1
印刷
プリンター
EPSON78E147 (EP-982A3 S…
準備完了
プリンターのプロパティ
設定
作業中のシートを印刷
作業中のシートのみを印刷します
A4
21 cm x 29.7 cm
標準の余白
上: 1.91 cm 下: 1.91 cm 左:…
すべての列を 1 ページに印刷
幅が 1 ページに収まるように印刷…
ページ設定
1 / 1
ホーム
新規
開く
情報
上書き保存
名前を付けて保存
印刷
共有
エクスポート
発行
閉じる
アカウント
フィードバック
その他…
❸「部数」を入力する
❹「印刷」ボタンをクリック
❶使用するプリンターになっていることを確認
❷「作業中のシートを印刷」になっていることを確認。範囲を選択した後、「選択した部分を印刷」にすると一部だけ印刷することも可能
ここでも用紙サイズや拡大縮小印刷などの設定が可能
複数ページある場合は「三角」ボタンをクリックして確認

Column

2ページ目以降にも見出し行を印刷する

何ページにもわたる表を印刷する場合、表の見出し行が2ページ目には印刷されない。そこで、2ページ以降にも見出し行を印刷する方法を紹介しよう。「ページレイアウト」タブの「印刷タイトル」をクリックする。「ページ設定」ダイアログが表示されたら、「タイトル行」のボックスをクリックしよう。そのまま表の上にマウスポインタを移動すると矢印の形になるので、表の見出し行をクリックして選択する。「タイトル行」ボックスに「$5:$5」と表示されたら、「OK」ボタンをクリックする。これで2ページ以降にも見出し行が印刷される。

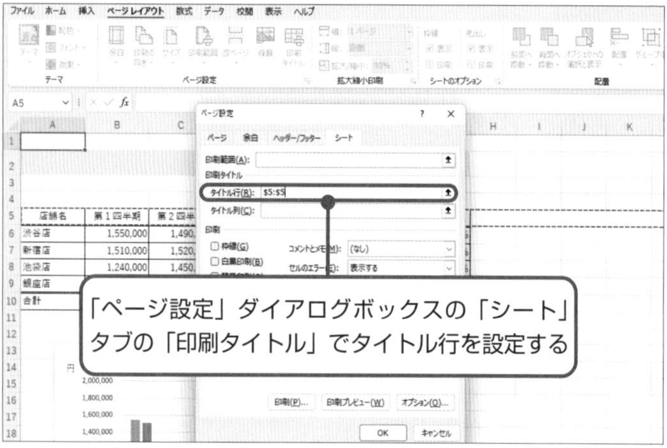
「ページ設定」ダイアログボックスの「シート」タブの「印刷タイトル」でタイトル行を設定する

索引

お問い合わせについて

本書に関するご質問については、本書に記載されている内容に関するもののみとさせていただきます。本書の内容と関係のないご質問につきましては、一切お答えできませんので、あらかじめご了承ください。また、電話でのご質問は受け付けておりませんので、必ずFAXか書面にて下記までお送りください。
なお、ご質問の際には、必ず以下の項目を明記していただきますようお願いいたします。

1 お名前
2 返信先の住所またはFAX番号
3 書名
（スピードマスター　1時間でわかる　エクセル～これだけ覚えれば仕事はカンペキ!）
4 本書の該当ページ
5 ご使用のOSとソフトウェアのバージョン
6 ご質問内容

なお、お送りいただいたご質問には、できる限り迅速にお答えできるよう努力いたしておりますが、場合によってはお答えするまでに時間がかかることがあります。また、回答の期日をご指定なさっても、ご希望にお応えできるとは限りません。あらかじめご了承くださいますよう、お願いいたします。
ご質問の際に記載いただきました個人情報は、回答後速やかに破棄させていただきます。

問い合わせ先

〒162-0846
東京都新宿区市谷左内町21-13
株式会社技術評論社　書籍編集部
「スピードマスター　1時間でわかる　エクセル～これだけ覚えれば仕事はカンペキ!」
質問係
FAX：03-3513-6167
URL：https://book.gihyo.jp/116

お問い合わせの例

FAX

1 お名前
技術　太郎
2 返信先の住所またはFAX番号
03-XXXX-XXXX
3 書名
スピードマスター　1時間でわかる　エクセル～これだけ覚えれば仕事はカンペキ!
4 本書の該当ページ
117 ページ
5 ご使用のOSとソフトウェアのバージョン
Windows 11
Excel 2021
6 ご質問内容
正しい単価が表示されない。

スピードマスター
1時間でわかる　エクセル
～これだけ覚えれば仕事はカンペキ!

2022年9月6日　初版　第1刷発行

著　者　桑名由美
発行者　片岡　巌
発行所　株式会社　技術評論社
東京都新宿区市谷左内町21-13
電話　03-3513-6150　販売促進部
03-3513-6160　書籍編集部
編集　伊藤　鮎
装丁／本文デザイン　クオルデザイン　坂本真一郎
DTP　リンクアップ
製本／印刷　株式会社　加藤文明社

定価はカバーに表示してあります。

ISBN978-4-297-12938-5 C3055
Printed in Japan